Sam Stewart Mutabazi

A HISTÓRIA DAS ESTRADAS E DOS SERVIÇOS DE TRANSPORTE NO UGANDA

Sam Stewart Mutabazi

A HISTÓRIA DAS ESTRADAS E DOS SERVIÇOS DE TRANSPORTE NO UGANDA

Viagem do período pré-colonial ao presente

ScienciaScripts

Imprint

Cover image: www.ingimage.com

This book is a translation from the original published under ISBN 978-620-8-11883-9.

Publisher:
Sciencia Scripts
is a trademark of
Dodo Books Indian Ocean Ltd. and OmniScriptum S.R.L publishing group

120 High Road, East Finchley, London, N2 9ED, United Kingdom
Str. Armeneasca 28/1, office 1, Chisinau MD-2012, Republic of Moldova, Europe
Printed at: see last page
ISBN: 978-620-8-27572-3

A HISTÓRIA DAS ESTRADAS E DOS SERVIÇOS DE TRANSPORTE NO UGANDA

BY

DR. MUTABAZI SAM STEWART

Agradecimentos

Gostaria de estender a minha sincera gratidão às seguintes pessoas e instituições pelas suas contribuições para este livro. A sua orientação, experiência e apoio foram inestimáveis para moldar o conteúdo e o tom deste trabalho.

Antes de mais, gostaria de agradecer às agências e instituições governamentais do Uganda que forneceram acesso a documentos históricos, dados e conhecimentos. Estas incluem o Ministério das Obras Públicas e Transportes, o Ministério das Finanças, Planeamento e Desenvolvimento Económico, a Autoridade Nacional de Planeamento e a Autoridade Rodoviária Nacional do Uganda.

Gostaria também de agradecer aos numerosos académicos, investigadores e peritos que partilharam os seus conhecimentos e experiência sobre a história das estradas e dos serviços de transporte no Uganda. As suas contribuições ajudaram a enriquecer a narrativa e a proporcionar uma compreensão mais matizada do assunto.

Por último, gostaria de expressar a minha gratidão à minha família e aos meus amigos, que toleraram as minhas longas horas de investigação e de escrita. O seu amor e encorajamento têm sido uma fonte constante de inspiração.

Sobre este livro

Este livro conta a história das estradas e dos serviços de transporte no Uganda, desde os tempos antigos até aos dias de hoje. O livro é um relato abrangente e acessível do desenvolvimento, evolução e impacto das redes de transportes no Uganda, destacando a interligação das comunidades, o impacto dos investimentos em infra-estruturas e os legados duradouros das redes de transportes do passado.

O livro está dividido em seis capítulos, cada um centrado num período ou tema específico da história das estradas e dos serviços de transporte no Uganda. Os capítulos abrangem tópicos como a era pré-colonial, o colonialismo, a independência, as estratégias de desenvolvimento nacional, as reformas políticas e as tendências emergentes.

O livro baseia-se numa vasta gama de fontes, incluindo documentos históricos, artigos académicos, relatórios governamentais e relatos pessoais. Inclui também mapas, fotografias e ilustrações para fornecer um contexto visual e melhorar a narrativa.

O livro tem como objetivo proporcionar uma compreensão diferenciada dos factores complexos que moldaram o desenvolvimento das redes de transportes no Uganda. Destaca os desafios e as oportunidades que surgiram com o colonialismo, o pós-colonialismo e a globalização, bem como o papel das políticas governamentais, do investimento privado e do envolvimento da comunidade.

Em última análise, este livro é um tributo às pessoas que contribuíram para o desenvolvimento das estradas e dos serviços de transporte no Uganda ao longo dos séculos. É uma história de resiliência, inovação e perseverança face à adversidade.

Sobre o autor

O Dr. Mutabazi Sam Stewart é um planeador urbano e de transportes com uma vasta experiência em gestão de projectos, planeamento estratégico e coordenação de projectos. Mutabazi é doutorado em PLANEAMENTO DE TRANSPORTES pela Universidade Selinus de Ragusa, Sicília, Itália e mestre em Gestão e Desenvolvimento Urbano pela Universidade Erasmus de Roterdão, Países Baixos. Estudou Economia na Universidade de Makerere e possui um Certificado Internacional em Gestão de Infra-estruturas oferecido pelo Ministério dos Negócios Estrangeiros (MASHAV), Rehovot, Tel Aviv, Israel. Planeador urbano e de transportes altamente experiente e conhecedor, Sam é um pioneiro na governação urbana em África. Sam é também Professor Sénior no Eastern & Southern Africa Management Institute (ESAMI), onde ensina Política e Planeamento de Transportes. Sam trabalhou como consultor com o Banco Mundial, Ferederich Ebert Stiftung, UK AID, entre outros. Foi vice-presidente do Conselho da Indústria Rodoviária (RIC) do Uganda, um grupo consultivo de nove membros do Ministério das Obras Públicas e dos Transportes do Uganda. É o elemento de ligação para a Parceria para os Transportes Sustentáveis (SLoCaT), uma organização de parceria com várias partes interessadas (representando estabelecimentos das Nações Unidas, organizações de desenvolvimento multilaterais e bilaterais). A SLoCaT promove políticas globais sobre desenvolvimento sustentável e alterações climáticas. Sam tem uma paixão pelo desenvolvimento de infra-estruturas e já formou mais de 2000 pessoas em mais de cinquenta programas, principalmente em África. É um indivíduo diligente e perspicaz com excelentes capacidades de comunicação e apresentação. Trabalhou com uma vasta gama de instituições em África, na Europa e na Ásia. Tem uma paixão pelo apoio ao crescimento urbano coerente e às infra-estruturas de transportes nas cidades africanas. Em 2023, Mutabazi facilitou mais de dez programas e reuniões em várias cidades de África. Sam é autor de vários livros, incluindo um intitulado "Road Governance in Uganda study on roads reserve encroachment, its causes and impact on transport efficiency"

Índice

CAPÍTULO UM

I ntrodução

A história das estradas e dos serviços de transporte no Uganda é uma narrativa que se entrelaça com o desenvolvimento socioeconómico, o património cultural e a evolução política do país. Desde os antigos caminhos pedonais percorridos pelas comunidades indígenas até às modernas auto-estradas que ligam os movimentados centros urbanos, as redes de transportes do Uganda têm desempenhado um papel fundamental na formação da paisagem e da identidade da nação. Este livro mergulha na rica tapeçaria da história dos transportes do Uganda, explorando os caminhos, estradas, caminhos-de-ferro e vias navegáveis que ligaram diversas regiões e povos em todo o país. (Ajayi, 1985)

A diversidade geográfica do Uganda, caracterizada por florestas luxuriantes, savanas extensas e rios sinuosos, tem apresentado desafios e oportunidades para o desenvolvimento de infra-estruturas de transportes. Os primeiros habitantes do Uganda utilizavam meios de transporte tradicionais, como caminhos pedonais, canoas e carroças de tração animal, para navegar no terreno variado e facilitar o comércio, a migração e a comunicação. Estes caminhos antigos lançaram as bases para as redes de transportes que mais tarde atravessariam o país, ligando comunidades, mercados e culturas. (Dijkstra, 2001)

A era colonial marcou um ponto de viragem significativo na história dos transportes do Uganda, uma vez que as potências europeias procuraram explorar os recursos naturais da região e estabelecer o controlo sobre os seus territórios. As administrações coloniais britânica e alemã lideraram a construção de estradas, caminhos-de-ferro e pontes para facilitar a extração de matérias-primas, a circulação de mercadorias e a consolidação do domínio colonial (Dijkstra, 2001). O legado dos projectos de infra-estruturas coloniais continua a moldar a paisagem dos transportes do Uganda até aos dias de hoje, com os restos das estradas e linhas de caminho de ferro da era colonial a servirem de ligações vitais na rede de transportes do país. (Gould, 1989)

Após a independência, o Uganda embarcou numa viagem de modernização e desenvolvimento, procurando expandir e atualizar a sua infraestrutura de transportes para satisfazer as necessidades crescentes de uma população e economia em expansão. Foram feitos esforços para melhorar as redes rodoviárias, melhorar os serviços de transportes públicos e promover práticas de transportes sustentáveis para enfrentar os desafios da urbanização, da conetividade rural e da degradação ambiental. A evolução das políticas de transportes, dos regulamentos e das estruturas de governação moldou ainda mais a direção do sector dos transportes do Uganda, influenciando a eficiência, a segurança e a sustentabilidade dos serviços de transportes em todo o país (Goodfellow, 2012)

À medida que o Uganda olha para o futuro, a história das estradas e dos serviços de transporte no país fornece valiosos conhecimentos e lições para os decisores políticos, planeadores e partes interessadas. Ao compreendermos as dinâmicas socioeconómicas, ambientais e culturais que moldaram as redes de transportes do Uganda, podemos apreciar melhor os desafios e oportunidades que temos pela frente. Este livro pretende iluminar o passado, o presente e o futuro da viagem de transportes do Uganda, celebrando a resiliência, o engenho e a interligação que definem o património de transportes da nação. Através da exploração de estradas, carris e rios, embarcamos numa viagem fascinante pela história dos serviços de transportes do Uganda, descobrindo as histórias, inovações e aspirações que impulsionaram o país no seu caminho de progresso e conetividade. (Nyombi, 2003)

Visão geral do âmbito e dos objectivos do livro.

Âmbito do livro:

"A História das Estradas e dos Serviços de Transporte no Uganda" oferece uma exploração abrangente do desenvolvimento, evolução e impacto das redes de transportes no Uganda. O livro analisa as dimensões históricas, culturais e económicas das estradas, caminhos-de-ferro, vias navegáveis e sistemas de transporte aéreo do Uganda, traçando as suas origens desde os tempos pré-coloniais até aos dias de hoje (Mutibwa, 1992). Através de uma análise detalhada dos principais acontecimentos, políticas e projectos de infra-estruturas, o livro esclarece o papel dos transportes na formação do tecido social, do crescimento económico e da conetividade regional do Uganda. Ao englobar uma vasta gama de fontes históricas, registos de arquivo, histórias orais e fotografias, o livro oferece uma perspetiva matizada e multidimensional sobre a história dos serviços de transportes no Uganda.

Objectivos do livro:

1. Contexto Histórico: Contextualizar o desenvolvimento das estradas e dos serviços de transportes no Uganda no âmbito da narrativa histórica mais alargada do país, abrangendo os períodos pré-colonial, colonial, pós-independência e contemporâneo. Ao examinar as forças sócio-políticas, económicas e culturais que moldaram o panorama dos transportes no Uganda, o livro pretende oferecer uma compreensão mais profunda das raízes históricas das infra-estruturas de transportes no país (Mutibwa, 1992).
2. Desenvolvimento de infra-estruturas: Documentar o crescimento e a expansão das infra-estruturas de transportes no Uganda, incluindo a construção de estradas, caminhos-de-ferro, pontes, portos e aeroportos. Através de estudos de caso

pormenorizados, mapas e ilustrações, o livro procura realçar os principais marcos, desafios e realizações no desenvolvimento das redes de transportes do Uganda ao longo do tempo.

3. Política e Governação: Analisar a evolução das políticas de transportes, regulamentos e estruturas de governação no Uganda, explorando o papel das agências governamentais, entidades do sector privado e parceiros internacionais na formação do sector dos transportes. Ao examinar as decisões políticas, os quadros legislativos e as reformas institucionais, o livro pretende avaliar o impacto da governação na eficiência, segurança e sustentabilidade dos serviços de transportes no Uganda.
4. Impactos socioeconómicos: Avaliar os impactos socioeconómicos dos investimentos e desenvolvimentos em infra-estruturas de transportes nas comunidades, regiões e sectores da economia do Uganda. Ao explorar as ligações entre a conetividade dos transportes, a facilitação do comércio, a criação de emprego e a inclusão social, o livro procura avaliar as contribuições mais amplas dos serviços de transportes para os objectivos e aspirações de desenvolvimento do Uganda.
5. Perspectivas futuras: Para prever o futuro dos serviços de transportes no Uganda, considerando as tendências emergentes, os desafios e as oportunidades no sector dos transportes. Ao discutir os avanços tecnológicos, os padrões de urbanização, as preocupações ambientais e as prioridades sociais, o livro pretende provocar o diálogo e a reflexão sobre a trajetória futura das infra-estruturas e serviços de transportes do Uganda.

Ao abordar estes objectivos-chave no âmbito do livro, "The History of Roads and Transport Services in Uganda" aspira a oferecer uma narrativa abrangente, informativa e envolvente sobre a evolução dinâmica das redes de transportes no Uganda, iluminando o passado, o presente e o futuro dos transportes no país.

O significado de estudar a história das estradas e dos serviços de transporte no Uganda

A história das estradas e dos serviços de transportes no Uganda não é apenas uma crónica das rotas percorridas e das infra-estruturas construídas; é uma narrativa que engloba a evolução socioeconómica, cultural e política da nação. O estudo da história dos transportes no Uganda fornece informações valiosas sobre a trajetória de desenvolvimento do país, destacando a interligação das comunidades, o impacto dos investimentos em infra-estruturas e os legados duradouros das redes de transportes do passado. (Burke, 2009)

Contexto histórico:

A história dos transportes no Uganda remonta a tempos antigos, quando as comunidades indígenas utilizavam caminhos pedonais, carroças de tração animal e vias navegáveis para navegar nos diversos terrenos da região. Estes sistemas de transporte tradicionais eram essenciais para o comércio, a comunicação e o intercâmbio cultural, lançando as bases para o desenvolvimento de redes de transporte mais sofisticadas em períodos posteriores. Durante a era colonial, as potências europeias, como os britânicos e os alemães, introduziram infra-estruturas rodoviárias e ferroviárias modernas para facilitar a administração colonial, a extração de recursos e o comércio. O legado dos projectos de transportes coloniais continua a moldar a paisagem de transportes do Uganda, sublinhando o impacto duradouro dos desenvolvimentos históricos nos sistemas de transportes actuais. (Ajayi, 1985)

Desenvolvimento económico:

O estudo da história dos transportes do Uganda é crucial para compreender o papel dos transportes na promoção do desenvolvimento económico e da prosperidade. As estradas, caminhos-de-ferro, portos e aeroportos funcionam como artérias vitais que facilitam a circulação de bens, serviços e pessoas, permitindo o desenvolvimento do comércio e da indústria. Ao traçar a evolução dos investimentos em infra-estruturas de transportes no Uganda, os investigadores podem analisar as ligações entre a conetividade dos transportes, o acesso ao mercado e o crescimento económico. Além disso, o estudo dos padrões históricos do desenvolvimento dos transportes pode informar futuras decisões políticas e estratégias de investimento destinadas a aumentar a produtividade, a competitividade e o crescimento inclusivo no país.

Conectividade e impacto social:

Os transportes desempenham um papel fundamental na promoção da conetividade, da coesão social e da integração regional no Uganda. As estradas e os serviços de transporte ligam as comunidades remotas aos centros urbanos, mercados, escolas, instalações de cuidados de saúde e serviços essenciais, promovendo o acesso, a mobilidade e a inclusão social. O estudo histórico das redes de transportes revela os desafios enfrentados pelas áreas mal servidas em termos de conetividade e acessibilidade, lançando luz sobre as disparidades na provisão de infra-estruturas de transportes e a necessidade de intervenções direcionadas para colmatar as lacunas nos transportes rurais. Além disso, a história das estradas e dos serviços de transportes no Uganda reflecte a diversidade das populações, culturas e paisagens atravessadas pelas vias de transporte, sublinhando o papel dos transportes na promoção da unidade nacional e do intercâmbio cultural. (Gould, 1989)

Planeamento e governação das infra-estruturas:

O estudo da história das estradas e dos serviços de transportes no Uganda é fundamental para avaliar a eficácia do planeamento das infra-estruturas, da governação e das decisões de investimento. A análise histórica de projectos, políticas e quadros regulamentares de transportes anteriores oferece lições valiosas sobre os êxitos e fracassos das iniciativas de desenvolvimento dos transportes no país. Ao examinar o impacto dos eventos históricos, dos avanços tecnológicos e da mudança das necessidades sociais no planeamento dos transportes, os investigadores podem identificar as melhores práticas, soluções inovadoras e estratégias eficazes para melhorar a eficiência, a sustentabilidade e a inclusão do sector dos transportes do Uganda. Além disso, a compreensão do contexto histórico da governação e regulamentação dos transportes pode informar os esforços actuais para simplificar os processos administrativos, promover a transparência e assegurar a responsabilidade na gestão dos serviços de transportes.

Sustentabilidade ambiental:

Os transportes têm implicações ambientais significativas, afectando a qualidade do ar, a utilização dos solos e as emissões de carbono no Uganda. O estudo histórico do desenvolvimento dos transportes lança luz sobre os impactos ambientais de projectos de infra-estruturas anteriores, salientando a necessidade de soluções de transportes sustentáveis que atenuem os efeitos adversos nos ecossistemas e na saúde pública. Ao examinar as tendências históricas da poluição, congestionamento e esgotamento de recursos relacionados com os transportes, os investigadores podem defender práticas de transportes ecológicas, tecnologias de energias renováveis e políticas de transportes amigas do ambiente que promovam a conservação ambiental e a resiliência climática. (Lwasa, 2012)

O estudo da história das estradas e dos serviços de transporte no Uganda é essencial para compreender a intrincada interação entre transportes, desenvolvimento e sociedade. Ao explorar as dimensões económicas, sociais, culturais e ambientais da história dos transportes, os investigadores podem obter conhecimentos profundos sobre o poder transformador das redes de transportes na formação do passado, presente e futuro do Uganda. A análise histórica das infra-estruturas, políticas e impactos dos transportes oferece um roteiro para a tomada de decisões informadas, planeamento do desenvolvimento sustentável e estratégias de crescimento inclusivo que aproveitam todo o potencial do sector dos transportes do Uganda para benefício de todos os seus habitantes. Abraçando as lições do passado, podemos preparar o caminho para um futuro de transportes mais conectado, equitativo e resiliente no Uganda. (Kasozi, 1994)

Antecedentes do contexto geográfico, político e económico do Uganda

O Uganda, um país sem litoral situado na África Oriental, é conhecido pelas suas paisagens deslumbrantes, culturas diversas e rica biodiversidade. O contexto geográfico, político e económico único do Uganda moldou a sua história, desenvolvimento e identidade.

Contexto geográfico

O terreno geográfico do Uganda é caracterizado por uma variedade de paisagens, incluindo florestas exuberantes, colinas ondulantes, savanas extensas e as icónicas Montanhas Rwenzori. O país é dividido pelo equador, o que lhe confere um clima tropical que suporta uma grande variedade de flora e fauna. O Uganda alberga diversos ecossistemas, como as densas florestas do Parque Nacional Impenetrável de Bwindi, as vastas zonas húmidas do Albertine Rift e as vastas pastagens do Parque Nacional das Cataratas de Murchison. A presença da região dos Grandes Lagos, incluindo o Lago Vitória, o Lago Alberto e o Lago Eduardo, contribui ainda mais para a beleza natural e a importância ecológica do Uganda. (Apter, 1961)

A diversidade geográfica do Uganda tem facilitado e desafiado os esforços de desenvolvimento do país. Os solos férteis e o clima favorável têm apoiado a agricultura como uma atividade económica fundamental, com culturas de rendimento como o café, o chá e o algodão a desempenharem um papel vital na economia do Uganda. No entanto, o terreno acidentado e a dispersão das povoações colocaram desafios logísticos ao desenvolvimento das infra-estruturas de transportes, conduzindo a disparidades de conetividade e acessibilidade nas diferentes regiões do país. O contexto geográfico do Uganda influenciou os padrões de povoamento, a agricultura e a distribuição dos recursos, moldando a dinâmica socioeconómica da nação.

Contexto político

A história política do Uganda tem sido marcada por uma série de transições, conflitos e lutas pelo poder que moldaram a estrutura de governação e as instituições públicas do país. Dos reinos pré-coloniais à colonização europeia e à construção da nação pós-independência, o Uganda registou uma evolução complexa de sistemas políticos e ideologias. O legado do domínio colonial britânico, que terminou em 1962 com a independência do Uganda, teve um impacto duradouro nas estruturas administrativas, nos quadros jurídicos e nas normas culturais do país. (Lwasa, 2012)

Na era pós-independência, o Uganda debateu-se com instabilidade política, golpes de Estado, guerras civis e regimes autoritários que deixaram um legado de violência, violações dos direitos humanos e divisões sociais. O governo de Idi Amin, na década de 1970, e o regime de Milton Obote trouxeram ao Uganda uma repressão generalizada e turbulência económica, levando a migrações em massa, crises de refugiados e condenação internacional. A eventual ascensão de Yoweri Museveni e do Movimento de Resistência Nacional (MRN) na década de 1980 deu início a um período de relativa estabilidade e crescimento económico, embora os desafios da corrupção, da repressão política e das violações dos direitos humanos tenham continuado a persistir. (Dijkstra, 2001)

O contexto político do Uganda continua a influenciar a dinâmica de governação, a coesão social e as relações internacionais do país. O legado de convulsões e conflitos políticos do passado deixou uma marca nas instituições, na sociedade civil e no discurso público do Uganda, moldando os processos democráticos, o Estado de direito e a eficácia da governação do país.

Contexto económico

A economia do Uganda é uma mistura de agricultura tradicional, indústrias emergentes e um sector de serviços em crescimento, impulsionado por uma população jovem e uma classe média urbana em expansão. A agricultura continua a ser a espinha dorsal da economia do Uganda, empregando a maioria da mão de obra e contribuindo significativamente para o PIB. As culturas de rendimento, como o café, o chá e o algodão, são os principais produtos de exportação, enquanto a agricultura de subsistência e a criação de gado são predominantes nas zonas rurais.

Nos últimos anos, o Uganda registou um crescimento em sectores como a indústria transformadora, a construção e o turismo, impulsionado por investimentos em infra-estruturas, energia e telecomunicações. A descoberta de reservas de petróleo na região ocidental do país tem potencial para transformar a economia do Uganda e aumentar a segurança energética e as receitas de exportação da nação. No entanto, desafios como os défices de infra-estruturas, a corrupção e a desigualdade de rendimentos continuam a entravar o progresso económico e o desenvolvimento social do Uganda.

O contexto económico do Uganda é influenciado por factores como as tendências do mercado mundial, os esforços de integração regional e os quadros políticos nacionais. A participação do país em acordos comerciais regionais, como a Comunidade da África Oriental (EAC) e o Mercado Comum da África Oriental e Austral (COMESA), abriu novas oportunidades para o comércio e o investimento transfronteiriços. A localização estratégica do Uganda na África Oriental, a sua dotação de recursos naturais e a sua população jovem apresentam possibilidades de diversificação económica, criação de emprego e desenvolvimento sustentável.

O contexto geográfico, político e económico do Uganda proporciona uma rica tapeçaria de influências que moldam a história, o desenvolvimento e as perspectivas de futuro do país. A interação entre as caraterísticas geográficas, a dinâmica política e as tendências económicas definiu a identidade do Uganda como nação, informando o seu tecido social, as estruturas de governação e as oportunidades económicas. Ao compreender as complexidades do contexto geográfico, político e económico do Uganda, obtemos uma visão dos desafios, oportunidades e aspirações de um país que se esforça por construir um futuro próspero, inclusivo e sustentável para os seus cidadãos.

Construção de estradas na África Oriental durante a época colonial

[thth]A era colonial na África Oriental, que se estendeu de finais do século XIX a meados do século XX, foi marcada por um desenvolvimento significativo das infra-estruturas, em particular na construção de estradas. A construção de estradas foi uma medida estratégica das potências coloniais, principalmente da Grã-Bretanha, Alemanha e Itália, para facilitar a exploração dos recursos naturais da região, aumentar o controlo administrativo e reforçar a presença militar.

Antes do domínio colonial, a rede de transportes da África Oriental era constituída, em grande parte, por caminhos pedestres e rotas comerciais tradicionais. Contudo, com a corrida a África, as potências coloniais reconheceram a necessidade de infra-estruturas modernas para facilitar a extração de recursos e o movimento de tropas. A construção de estradas tornou-se uma prioridade, com o objetivo de ligar os principais centros urbanos, portos e áreas ricas em recursos.

A construção de estradas foi frequentemente efectuada com recurso a trabalho forçado, sendo as populações locais coagidas a trabalhar em condições difíceis. Isto levou a uma perturbação social e económica significativa, uma vez que as pessoas foram afastadas das suas famílias e dos seus meios de subsistência tradicionais. As próprias estradas eram frequentemente construídas para servir os interesses das potências coloniais, com pouca consideração pelas necessidades ou contextos locais. (Burke, 2009)

Apesar destes desafios, a rede rodoviária expandiu-se rapidamente, com projectos notáveis, incluindo o Caminho-de-Ferro do Uganda, que ligava Mombaça a Kisumu, e a Estrada do Cabo ao Cairo, que pretendia ligar o Egito à África do Sul. Estas estradas facilitaram o transporte de mercadorias, pessoas e ideias, moldando a paisagem económica, social e política da região. (Ajayi, 1985)

No entanto, o legado da construção de estradas coloniais na África Oriental é complexo e multifacetado. Embora tenha trazido infra-estruturas e conetividade modernas, também perpetuou a exploração, a deslocação e o apagamento cultural. Hoje, à medida que a África Oriental continua a desenvolver-se e a crescer, é essencial reconhecer e aprender com esta história, dando prioridade ao desenvolvimento de infra-estruturas sustentáveis e inclusivas que sirvam as necessidades das comunidades locais.

A primeira estrada no Uganda

A construção da primeira estrada no Uganda marcou um momento crucial na história dos transportes do país, abrindo novas possibilidades de desenvolvimento económico, conetividade social e controlo administrativo durante a era colonial. O início do primeiro projeto rodoviário representou um investimento estratégico das autoridades coloniais para melhorar a mobilidade, facilitar o comércio e estabelecer uma rede de transportes que moldaria a infraestrutura de transportes do Uganda nas décadas seguintes. (Ajayi, 1985)

Contexto histórico

[thth]A história da primeira estrada no Uganda remonta ao período do domínio colonial britânico no final do século XIX e início do século XX. À medida que as potências europeias estabeleciam colónias em África para fins de comércio, exploração de recursos naturais e controlo territorial, a necessidade de infra-estruturas de transporte fiáveis tornou-se cada vez mais evidente. No Uganda, a administração colonial britânica reconheceu a importância de estabelecer redes rodoviárias para ligar os principais centros de atividade económica, instalações governamentais e postos avançados administrativos em todo o território.

Significado da Primeira Estrada

A construção da primeira estrada no Uganda teve uma importância estratégica, económica e social significativa para as autoridades coloniais. A estrada constituía uma artéria vital para a circulação de mercadorias, abastecimentos e pessoal entre diferentes regiões, permitindo o acesso a áreas remotas, facilitando o comércio e apoiando o funcionamento da administração colonial. Além disso, a construção da estrada simbolizava a intenção do governo colonial de afirmar a sua presença, alargar a sua influência e estabelecer o controlo sobre o território através da melhoria das infra-estruturas e da conetividade.

Processo de construção

A construção da primeira estrada no Uganda foi um empreendimento monumental que exigiu um planeamento meticuloso, mão de obra especializada e recursos substanciais. Os engenheiros e agrimensores coloniais foram encarregados de traçar a rota, avaliar as condições do terreno e conceber um alinhamento da estrada que optimizasse a eficiência e a durabilidade do transporte. Os trabalhadores locais, muitas vezes recrutados nas comunidades vizinhas, foram empregues para limpar a vegetação, lançar fundações e construir o leito da estrada utilizando métodos tradicionais e ferramentas rudimentares. (Kasozi, 1994)

O processo de construção envolveu a superação de vários desafios, incluindo terreno acidentado, vegetação densa e condições climatéricas adversas que constituíam obstáculos ao progresso. Apesar destes desafios, a determinação e o engenho das equipas de construção prevaleceram e a primeira estrada do Uganda foi ganhando forma gradualmente, ligando aldeias distantes, postos de comércio e centros administrativos ao longo do seu percurso.

Impacto duradouro

A conclusão da primeira estrada no Uganda teve um impacto duradouro no sector dos transportes, no desenvolvimento económico e na coesão social do país. A estrada abriu caminho a mais investimentos em infra-estruturas, à expansão das redes de transportes e à integração das regiões do Uganda num todo coeso e interligado. À medida que os projectos rodoviários subsequentes foram iniciados e concluídos, o legado da primeira estrada perdurou, moldando a paisagem de transportes do Uganda e influenciando os padrões de povoamento, atividade económica e mobilidade para as gerações vindouras.

A construção da primeira estrada no Uganda representa um momento marcante na história do país, simbolizando o início de uma nova era de conetividade, progresso e desenvolvimento. À medida que o Uganda continua a evoluir e a modernizar a sua infraestrutura de transportes, é importante refletir sobre as origens da primeira estrada, o seu significado na formação do sector de transportes da nação e o legado duradouro que deixou na paisagem do Uganda. Ao honrar o legado da primeira estrada e reconhecer a sua importância histórica, o Uganda pode celebrar a sua herança, abraçar a sua jornada de progresso e inspirar as gerações futuras a continuar a construir uma nação mais conectada, inclusiva e próspera através de investimentos estratégicos em infra-estruturas de transportes e desenvolvimento sustentável. (Goodfellow, 2012)

Construção da estrada Entebbe - Kampala

A primeira estrada Entebbe-Kampala, também conhecida como estrada Kampala-Entebbe, foi construída durante a era colonial no Uganda. A construção desta estrada foi um marco significativo no desenvolvimento das infra-estruturas de transportes do Uganda, ligando a capital, Kampala, ao importante centro administrativo e económico de Entebbe. A estrada desempenhou um papel crucial na facilitação da circulação de bens, pessoas e serviços entre estes dois locais-chave, apoiando as actividades económicas, as funções administrativas e a conetividade social na região.

[th]A estrada Entebbe-Kampala foi construída pela administração colonial britânica no Uganda no início do século XX. A data exacta do início e da conclusão da construção da estrada pode variar de acordo com os registos históricos, mas pensa-se geralmente que foi construída por fases ao longo de um período de tempo para melhorar as ligações de transporte entre Entebbe e Kampala.

A construção da estrada Entebbe-Kampala envolveu o levantamento do trajeto, a limpeza da vegetação, o nivelamento do terreno e a colocação de um leito de estrada para criar uma infraestrutura rodoviária durável e funcional. No processo de construção estiveram provavelmente envolvidos trabalhadores locais, trabalhadores qualificados e engenheiros, utilizando trabalho manual e técnicas básicas de construção prevalecentes na altura.

A conclusão da estrada Entebbe-Kampala teve um impacto transformador nos transportes e na conetividade no Uganda, uma vez que proporcionou uma ligação essencial entre a capital administrativa do país e a sua principal porta de entrada para o mundo através do Aeroporto Internacional de Entebbe. A estrada facilitou a circulação de bens, serviços e pessoas, apoiou as actividades económicas e melhorou o acesso a serviços essenciais, contribuindo para o desenvolvimento e crescimento de Kampala e Entebbe como centros urbanos fundamentais no Uganda.

A construção da estrada Entebbe-Kampala é um testemunho da visão, engenho e perseverança das pessoas envolvidas na construção das infra-estruturas de transportes do Uganda durante a era colonial. A estrada continua a ser uma artéria vital na rede de transportes do Uganda, servindo de linha de vida para os trabalhadores, as empresas e os viajantes entre Kampala e Entebbe, e reflectindo o legado duradouro da construção de estradas coloniais na definição do panorama dos transportes e do desenvolvimento urbano do país.

O processo de construção de estradas no Uganda antes do colonialismo

Os primórdios da história do Uganda são anteriores à era colonial e fornecem informações valiosas sobre o processo de construção de estradas e desenvolvimento de infra-estruturas na região antes da chegada das potências coloniais europeias. O território que é atualmente o Uganda era habitado por diversos grupos étnicos e sociedades, cada um com as suas próprias tradições, práticas culturais e sistemas de governação únicos. A construção de estradas no Uganda pré-colonial foi moldada pelos conhecimentos, tecnologias e organização social indígenas destas comunidades, reflectindo as suas necessidades, valores e interações com o ambiente.

Antes do advento do colonialismo, a construção de estradas no Uganda era em grande parte motivada pelos requisitos práticos de transporte, comunicação e comércio dentro e entre as comunidades locais. As estradas serviam como linhas de vida vitais para a circulação de pessoas, bens e informações, ligando povoações, mercados, locais religiosos e centros administrativos em toda a região. Estas estradas eram frequentemente caminhos ou trilhos que seguiam contornos naturais, navegavam por caraterísticas geográficas e ligavam áreas ricas em recursos, como rios, florestas e terras agrícolas. (Mugisha, 2015)

O processo de construção de estradas no Uganda pré-colonial era um esforço comunitário, com os membros da comunidade a juntarem-se para abrir caminhos, nivelar o solo e manter as estradas através de manutenção e reparação regulares. Os recursos locais, como pedras, madeira, barro e erva, eram utilizados para criar caminhos pedonais, trilhos e pontes que facilitavam as deslocações a pé, de animal ou utilizando formas primitivas de transporte com rodas, como carroças ou trenós. A construção de estradas era trabalhosa e exigia cooperação, coordenação e conhecimento do terreno e das condições locais para garantir que as estradas fossem duráveis e funcionais. (Gould, 1989)

A construção de estradas no Uganda pré-colonial estava intimamente ligada a actividades sociais, económicas e culturais, com as estradas a servirem de condutas para o comércio, migração e comunicação entre diferentes comunidades. As redes de estradas que atravessavam a região facilitavam a troca de bens, ideias e tecnologias, permitindo a difusão cultural, a especialização económica e a formação de redes sociais entre diversos grupos étnicos. As estradas eram também essenciais para aceder a recursos, mercados e centros de poder, permitindo o crescimento de povoações, a expansão de rotas comerciais e o desenvolvimento de economias locais.

A história inicial da construção de estradas no Uganda reflecte o engenho, a adaptabilidade e a resiliência das sociedades indígenas na utilização de recursos e conhecimentos locais para criar e manter infra-estruturas de transporte essenciais. A construção de estradas desempenhou um papel fundamental na formação da dinâmica cultural, económica e política do Uganda pré-colonial, promovendo a conetividade, o intercâmbio e a cooperação entre diversas comunidades e regiões. As estradas não eram apenas caminhos físicos, mas também condutas simbólicas e espirituais que ligavam as pessoas, facilitavam o intercâmbio cultural e reforçavam os laços sociais dentro e entre comunidades. (Lwasa, 2012)

O processo de construção de estradas no Uganda pré-colonial foi um testemunho da desenvoltura, do espírito comunitário e da sabedoria prática das sociedades indígenas na adaptação aos seus ambientes e na satisfação das suas necessidades de transporte. As estradas construídas antes do colonialismo eram essenciais para ligar as comunidades, facilitar o comércio e permitir interações sociais, lançando as bases para o desenvolvimento de redes rodoviárias mais extensas nos períodos colonial e pós-colonial. A história inicial da construção de estradas no Uganda realça a importância do conhecimento local, das práticas culturais e da cooperação comunitária na formação da infraestrutura que apoiou a vida social, económica e política da região muito antes da chegada das potências coloniais europeias.

O desenvolvimento das infra-estruturas de transportes no Uganda desempenhou um papel crucial na ligação entre as diferentes regiões, promovendo o crescimento económico e facilitando a integração social. Um marco significativo na história dos transportes do Uganda foi a construção de estradas murram e a introdução de veículos, bem como a conclusão do caminho de ferro do Uganda, que ligava o país à costa da África Oriental. Estes desenvolvimentos infra-estruturais não só transformaram a forma como as pessoas e as mercadorias se deslocavam no Uganda, mas também melhoraram a conetividade do país às redes comerciais regionais e globais. (Lwasa, 2012)

A construção de estradas murram no Uganda marcou um avanço significativo nas infra-estruturas de transportes. As estradas Murram, feitas de cascalho compactado e solo de laterite, constituíram uma alternativa mais durável e para todas as condições climatéricas aos tradicionais caminhos de terra batida, permitindo viagens mais fáceis a pé, de animal, carroça ou veículo motorizado. Estas estradas foram construídas para ligar cidades, aldeias, mercados e centros económicos importantes, melhorando a acessibilidade e reduzindo os tempos de viagem de pessoas e mercadorias. O desenvolvimento das estradas murram facilitou o aumento da mobilidade, do comércio e da comunicação, contribuindo para o desenvolvimento económico e a integração social do Uganda. (Gould, 1989)

Para além da construção de estradas de murram, a introdução de veículos no Uganda representou um grande avanço tecnológico nos transportes. Os veículos motorizados, incluindo carros, camiões e autocarros, revolucionaram a forma como as pessoas e as mercadorias eram transportadas, reduzindo significativamente os tempos de viagem e expandindo o acesso a áreas remotas. A adoção de veículos no Uganda levou a uma maior eficiência nos transportes, melhorou a conetividade entre as áreas urbanas e rurais e facilitou o crescimento do comércio e da indústria. Os veículos tornaram-se uma parte essencial da rede de transportes do Uganda, apoiando as actividades económicas, as interações sociais e os serviços públicos em todo o país.

Além disso, a construção do caminho de ferro do Uganda foi um projeto transformador que teve um impacto profundo no sistema de transportes do Uganda. O caminho de ferro, que foi construído a partir da cidade portuária de Mombaça, na costa oriental de África, chegou a Kampala, a capital do Uganda, em 1931. Esta linha de caminho de ferro serviu de ligação vital entre o Uganda e a costa, facilitando o transporte de mercadorias, pessoas e recursos entre o interior do país e os mercados internacionais. O caminho de ferro do Uganda proporcionou um meio de transporte fiável e eficiente, reduzindo o custo das mercadorias, impulsionando o comércio e acelerando o desenvolvimento económico do Uganda. (Apter, 1961)

A conclusão do caminho de ferro do Uganda teve efeitos de grande alcance na economia, na sociedade e nas infra-estruturas do país. O caminho de ferro abriu novas oportunidades de comércio e investimento, ligando o Uganda ao mercado global e estimulando o crescimento industrial. Permitiu também o transporte eficiente de produtos agrícolas, minerais e outras mercadorias do Uganda para a costa para exportação, contribuindo para o desenvolvimento económico do país e expandindo as suas redes comerciais. O caminho de ferro desempenhou um papel central na formação da paisagem urbana, promovendo o crescimento de cidades e povoações ao longo do seu trajeto e apoiando o desenvolvimento de indústrias e serviços fundamentais no Uganda.

A construção das estradas de Murram, a introdução de veículos e a conclusão dos caminhos-de-ferro do Uganda foram momentos cruciais na história dos transportes do Uganda. Estes desenvolvimentos infra-estruturais modernizaram a rede de transportes do país, melhoraram a conetividade e aceleraram o desenvolvimento económico. A expansão das estradas murram e a adoção de veículos melhoraram a mobilidade e a acessibilidade, enquanto o caminho de ferro do Uganda proporcionou uma ligação essencial à costa e ao exterior, facilitando o comércio e a industrialização no Uganda. Estes avanços nos transportes desempenharam um papel significativo na formação das infra-estruturas modernas, da economia e da sociedade do Uganda, lançando as bases para um crescimento e desenvolvimentocontínuos nos anos vindouros. (Mugisha, 2015)

As primeiras estradas a serem trabalhadas no Uganda

O desenvolvimento das estradas no Uganda tem sido um aspeto fundamental das infra-estruturas e do crescimento económico do país. A construção de estradas desempenhou um papel crucial na ligação de diferentes regiões, facilitando o comércio, promovendo a integração social e permitindo o acesso a serviços essenciais. Em 1946, ocorreu um momento marcante no desenvolvimento rodoviário do Uganda com a formulação do Plano de Desenvolvimento do Uganda a 10 anos, que delineou o futuro das estradas na colónia. Este plano constituiu um passo significativo para a modernização da rede rodoviária do Uganda, melhorando a conetividade e reforçando as infra-estruturas de transportes para benefício dos seus residentes.

O Plano de Desenvolvimento do Uganda de 1946 previa um roteiro abrangente para o desenvolvimento das principais estradas nacionais na colónia, com especial ênfase na melhoria das rotas existentes e na expansão da rede para ligar os principais centros urbanos, regiões agrícolas e locais estratégicos. Entre as primeiras estradas nacionais identificadas para serem melhoradas e pavimentadas com betume encontravam-se as seguintes: (Apter, 1961)

1. Estrada Kampala-Entebbe: A estrada Kampala-Entebbe era uma ligação de transportes vital que ligava a capital Kampala ao importante centro administrativo e económico de Entebbe. A estrada serviu de artéria fundamental para a circulação de bens, pessoas

e serviços entre estes dois centros urbanos, apoiando o comércio, as funções governamentais e as actividades turísticas em redor do Lago Vitória.

2. Estrada Jinja-Iganga: A estrada Jinja-Iganga ligava a cidade industrial de Jinja à cidade de Iganga, no leste do Uganda. Esta estrada desempenhou um papel crucial na facilitação do transporte de mercadorias, especialmente de produtos agrícolas, entre as terras agrícolas férteis em redor de Jinja e os mercados de Iganga e não só.
3. Estrada Kampala-Jinja: A estrada Kampala-Jinja ligava a capital, Kampala, à cidade histórica de Jinja, conhecida pela sua importância como a nascente do Nilo Branco. Esta estrada constituía um corredor de transporte fundamental para os passageiros, turistas e tráfego comercial que se deslocavam entre Kampala e Jinja.
4. Estrada Kampala-Masaka: A estrada Kampala-Masaka ligava a capital, Kampala, à cidade de Masaka, no sul do Uganda. Esta estrada constituía uma linha de vida essencial para os residentes, as empresas e os viajantes que se deslocavam entre o centro urbano de Kampala e o centro agrícola de Masaka.
5. Estrada Kampala-Bombo: A estrada Kampala-Bombo proporcionou uma ligação crucial entre a capital, Kampala, e a cidade de Bombo, no centro do Uganda. Esta estrada facilitou a circulação de bens, pessoas e serviços entre Kampala e Bombo, apoiando actividades económicas, funções administrativas e interações sociais ao longo do percurso.
6. Estrada Kampala-Mubende: A estrada Kampala-Mubende ligava a capital, Kampala, à cidade de Mubende, no oeste do Uganda. Esta estrada serviu como um importante corredor de transportes para aceder às zonas agrícolas, aos locais de exploração mineira e às comunidades rurais da região, promovendo o desenvolvimento económico e a coesão social.

A consideração destas estradas principais para a aplicação de betume no âmbito do Plano de Desenvolvimento do Uganda de 1946 reflectiu o empenho da administração colonial em modernizar a infraestrutura rodoviária do Uganda, melhorando a eficiência dos transportes e promovendo o desenvolvimento económico em todo o país. A construção e a melhoria destas estradas essenciais eram fundamentais para ligar os centros urbanos, as cidades mercantis e as regiões agrícolas, fomentar a integração regional e apoiar o crescimento da indústria, do comércio e do comércio.

O desenvolvimento de estradas principais, como as estradas Kampala-Entebbe, Jinja-Iganga, Kampala-Jinja, Kampala-Masaka, Kampala-Bombo e Kampala-Mubende, constituiu um marco significativo na história do desenvolvimento rodoviário do Uganda, lançando as bases para uma rede de transportes mais interligada, acessível e eficiente. Estas estradas não só melhoraram a mobilidade e a conetividade no Uganda, como também contribuíram para o desenvolvimento económico global do país, a coesão social e a integração regional. O Plano de Desenvolvimento do Uganda de 1946 definiu uma visão clara para o futuro das estradas na colónia, salientando a importância das infra-estruturas modernas, do planeamento estratégico e do desenvolvimento sustentável para satisfazer as necessidades em evolução da população do Uganda e apoiar o seu crescimento e prosperidade a longo prazo. (Goodfellow, 2012)

O sector rodoviário do Uganda registou um enorme crescimento e desenvolvimento desde a independência, com uma expansão significativa das estradas alcatroadas em comparação com a era colonial. Os colonialistas, motivados principalmente pela extração de matérias-primas e pela manutenção do controlo administrativo, concentraram-se na construção de estradas para áreas de interesse económico, negligenciando o objetivo mais amplo de abrir o país a um desenvolvimento económico abrangente. No entanto, após a independência, o Uganda deu passos significativos na expansão da sua rede rodoviária, com um aumento notável do comprimento das estradas alcatroadas. Esta transformação foi exemplificada pela construção de mais de 4000 quilómetros de estradas alcatroadas, um aumento substancial em relação aos 844 quilómetros que existiam durante a era colonial.

O período pós-independência assistiu a um esforço concertado do governo do Uganda para dar prioridade ao desenvolvimento de infra-estruturas, incluindo a expansão e a melhoria da rede rodoviária do país. Sob a liderança do Presidente Milton Obote, que cumpriu dois mandatos não consecutivos, foram feitos progressos significativos na construção de estradas, com o objetivo de melhorar a conetividade, promover o crescimento económico e fomentar o desenvolvimento regional. Quando Idi Amin expulsou Obote em 1971, o governo tinha conseguido construir cerca de 1200 quilómetros de estradas alcatroadas, o que constituiu um marco significativo no desenvolvimento das infra-estruturas rodoviárias do Uganda.

As realizações da administração Obote na expansão da rede rodoviária foram notáveis, uma vez que duplicaram o comprimento das estradas alcatroadas que tinham sido deixadas pelos colonialistas. Este ambicioso programa de construção de estradas visava não só melhorar os transportes e a conetividade no Uganda, mas também lançar as bases para o desenvolvimento económico, o comércio e a integração social. Estradas como a Mbarara-Kabale e a Mbarara-Bushenyi foram alguns dos projectos de infra-estruturas essenciais realizados durante este período, servindo de ligações de transporte vitais entre regiões importantes e facilitando a circulação de pessoas, bens e serviços.

A construção de estradas alcatroadas durante a administração Obote representou um investimento significativo nas infra-estruturas do Uganda, modernizando a rede de transportes do país e melhorando a acessibilidade a zonas anteriormente mal servidas. A melhoria das infra-estruturas rodoviárias não só facilitou a circulação de bens e serviços, como também contribuiu para o desenvolvimento socioeconómico das comunidades rurais, permitindo o acesso aos mercados, aos cuidados de saúde, à educação e a outros serviços essenciais. A expansão da rede rodoviária desempenhou um papel crucial na promoção da integração regional, no fomento do crescimento económico e na melhoria da qualidade de vida global dos cidadãos ugandeses. (Kasozi, 1994)

O crescimento e o desenvolvimento do sector rodoviário no Uganda pós-independência sublinham o empenho do governo em dar prioridade aos investimentos em infra-estruturas como catalisador do progresso económico e do desenvolvimento social. A expansão da rede de estradas alcatroadas, particularmente durante a administração Obote, lançou uma base sólida para o futuro desenvolvimento de infra-estruturas no país, apoiando o crescimento económico contínuo e a conetividade regional. O legado destas iniciativas de construção de estradas continua a moldar o sector dos transportes do Uganda, contribuindo para melhorar a mobilidade, a facilitação do comércio e o desenvolvimento nacional em geral. (Lwasa, 2012)

O sector rodoviário do Uganda registou um crescimento e uma transformação notáveis desde a independência, com uma expansão significativa das estradas alcatroadas em comparação com a era colonial. Os esforços da administração Obote para duplicar a rede rodoviária do país e realizar projectos de infra-estruturas essenciais, como as estradas Mbarara-Kabale e Mbarara-Bushenyi, foram fundamentais para melhorar a conetividade, promover o desenvolvimento económico e melhorar a qualidade de vida dos cidadãos ugandeses. O investimento em infra-estruturas rodoviárias desempenhou um papel crucial na libertação do potencial económico do país, na promoção da integração regional e na preparação do caminho para o desenvolvimento sustentável no Uganda.

A história das estradas no Uganda é uma história de evolução, progresso e conetividade, reflectindo a trajetória de desenvolvimento do país e a mudança das necessidades de transporte da sua população. A infraestrutura rodoviária tem desempenhado um papel crucial na facilitação do comércio, na promoção do crescimento económico, no reforço da integração social e na melhoria da acessibilidade a serviços essenciais. Um marco significativo no desenvolvimento rodoviário do Uganda foi a proposta da estrada Kampala-Gulu no Plano de Desenvolvimento de 1946, com o objetivo de reduzir a distância e o tempo de viagem entre os dois destinos. Esta proposta de estrada procurava otimizar a eficiência dos transportes, melhorar a conetividade e promover o desenvolvimento regional, proporcionando uma rota mais direta e eficiente para os passageiros e as mercadorias. (Mugisha, 2015)

Antes da estrada proposta para Kampala-Gulu, a antiga rota de Kampala para Gulu obrigava os viajantes a passar pelas cidades de Hoima e Masindi. Embora este itinerário facilitasse o transporte entre os dois destinos, caracterizava-se por distâncias e tempos de viagem mais longos devido à natureza sinuosa da estrada. A introdução da nova rota proposta através de Bombo foi um fator de mudança, reduzindo significativamente a viagem de Kampala a Gulu em quase 100 quilómetros. Este itinerário mais curto e mais direto não só poupou tempo, como também reduziu os custos de transporte e melhorou a eficiência dos trabalhadores pendulares e das empresas que transportam mercadorias entre Kampala e Gulu.

A construção da estrada Kampala-Gulu representou um investimento estratégico na infraestrutura rodoviária do Uganda, reflectindo o empenho do governo em modernizar as redes de transportes e otimizar a conetividade entre os centros urbanos e as regiões rurais. A construção da estrada teve implicações de grande alcance para o desenvolvimento regional, o crescimento económico e a integração social, uma vez que facilitou a circulação de pessoas, bens e serviços, abrindo novas oportunidades comerciais e melhorando o acesso aos mercados e serviços tanto em Kampala como em Gulu.

Para além da estrada Kampala-Gulu, outro importante projeto rodoviário realizado durante esse período foi a construção da estrada de Tororo a Bugiri. Esta estrada serviu de ligação crucial entre o Quénia Ocidental e o Uganda, proporcionando uma rota direta para o comércio e transporte transfronteiriços entre os dois países vizinhos. A estrada também ligava a Busia, uma importante cidade fronteiriça, aumentando ainda mais os fluxos comerciais e as interações económicas entre o Uganda e o Quénia.

A estrada Tororo-Bugiri desempenhou um papel importante no fomento da conetividade regional, na promoção do comércio transfronteiriço e no reforço da cooperação económica entre o Uganda e o Quénia. Ao facilitar a circulação de bens e pessoas entre os dois países, a estrada contribuiu para o crescimento do comércio, dos transportes e da integração regional na África Oriental. A ligação a Busia reforçou ainda mais os laços comerciais e as interações fronteiriças, facilitando o desalfandegamento, os procedimentos de imigração e o fluxo regular de bens e serviços através da fronteira.

Em geral, a história das estradas no Uganda é um testemunho do empenho do país no desenvolvimento de infra-estruturas, crescimento económico e conetividade regional. A construção de estradas importantes, como a estrada Kampala-Gulu e a estrada Tororo-Bugiri, representa marcos significativos no percurso de desenvolvimento rodoviário do Uganda, demonstrando os esforços do governo para aumentar a eficiência dos transportes, melhorar a acessibilidade e promover o desenvolvimento económico. Estes projectos rodoviários desempenharam um papel fundamental na formação do sector dos transportes do Uganda, ligando centros urbanos, comunidades rurais e países vizinhos, e lançando as bases para um crescimento e progresso contínuos nos próximos anos. (Mugisha, 2015)

Viajar da costa para o Uganda durante a era colonial

Viajar da costa para o Uganda durante a era colonial era uma viagem difícil e árdua que exigia um planeamento cuidadoso, logística e resistência. Os colonialistas, exploradores e comerciantes que procuravam aventurar-se no Uganda a partir da costa, principalmente da costa da África Oriental ao longo do Oceano Índico, tinham de navegar por diversos terrenos, climas e paisagens, ultrapassando inúmeros obstáculos pelo caminho. (Lwasa, 2012)

Rotas e modos de transporte

Os colonialistas que viajavam para o Uganda a partir da costa tinham à sua disposição várias rotas e modos de transporte, dependendo do período, das condições geográficas e de considerações logísticas. Algumas das rotas e modos de transporte comuns utilizados pelos colonialistas incluíam

1. Rota marítima: A forma mais comum e eficaz de os colonialistas chegarem ao Uganda a partir da costa era por via marítima. Normalmente, partiam de portos ao longo da costa da África Oriental, como Mombaça ou Zanzibar, para portos designados no Lago Vitória, como Entebbe ou Jinja. Esta rota marítima permitia o transporte de mercadorias, equipamento e pessoal em grandes quantidades, bem como a exploração de novas oportunidades comerciais ao longo do caminho. (Mugisha, 2015)

2. Viagem por terra: Nos casos em que o acesso marítimo direto não era viável, os colonialistas embarcavam em viagens terrestres desde a costa até ao Uganda. Esta viagem podia ser efectuada a pé, utilizando animais de carga ou empregando carregadores locais para transportar mantimentos e equipamento ao longo de grandes distâncias. A viagem por terra era um desafio e muitas vezes perigosa, uma vez que exigia a navegação através de florestas densas, terrenos acidentados e ambientes hostis, o que a tornava uma tarefa lenta e perigosa.

3. Navegação fluvial: Outro modo de transporte utilizado pelos colonialistas que viajavam para o Uganda era a navegação fluvial. Rios como o Nilo e os seus afluentes constituíam importantes vias fluviais para o transporte de mercadorias e pessoas para o interior, oferecendo uma alternativa às rotas terrestres e facilitando os desafios logísticos das viagens de longa distância.

Desafios enfrentados

A viagem da costa para o Uganda colocou os colonialistas perante uma série de desafios que puseram à prova a sua determinação, adaptabilidade e engenho. Alguns dos principais desafios enfrentados pelos colonialistas na sua viagem para o Uganda incluíam (Dijkstra, 2001)

1. Riscos de doença e de saúde: O clima tropical e as doenças desconhecidas encontradas ao longo da rota representavam riscos significativos para a saúde dos colonialistas, provocando doenças, mortes e o enfraquecimento das forças expedicionárias. A malária, a disenteria e outras doenças tropicais eram frequentes e podiam ter efeitos devastadores para os viajantes vindos da costa.

2. Ambientes hostis: As diversas paisagens e ambientes atravessados pelos colonialistas apresentavam desafios físicos, logísticos e de segurança. Florestas densas, montanhas íngremes, planícies áridas e pântanos pantanosos impediam o progresso, enquanto os encontros com populações indígenas hostis, animais selvagens e catástrofes naturais aumentavam os perigos enfrentados pelos viajantes.

3. Constrangimentos logísticos: As infra-estruturas limitadas, os recursos escassos e as condições imprevisíveis ao longo do percurso criaram constrangimentos logísticos para os colonialistas, exigindo um planeamento, aprovisionamento e coordenação cuidadosos para garantir o êxito das suas viagens. A escassez de alimentos, água e provisões podia resultar em atrasos, contratempos ou mesmo na incapacidade de chegar ao destino. (Lwasa, 2012)

Impacto na história e no desenvolvimento

As viagens dos colonialistas da costa ao Uganda tiveram um impacto profundo na história, no desenvolvimento e na integração da região na economia colonial e global. Estas expedições abriram novas rotas comerciais, alargaram os territórios coloniais e facilitaram a troca de bens, ideias e culturas entre as regiões costeiras e o interior. A chegada dos colonialistas ao Uganda anunciou um período de profunda transformação, com consequências sociais, políticas e económicas de grande alcance que moldaram o curso da história do país.

Os colonialistas trouxeram consigo novas tecnologias, instituições e indústrias que transformaram a paisagem, a economia e a sociedade do Uganda. A construção de redes de transportes, como estradas, caminhos-de-ferro e portos, facilitou a circulação de mercadorias, pessoas e capitais, lançando as bases da moderna infraestrutura de transportes do Uganda. O estabelecimento de rotas comerciais, mercados e centros administrativos ligou o Uganda a redes regionais e globais, promovendo o crescimento económico, a urbanização e o intercâmbio cultural.

Além disso, as interações entre os colonialistas e as comunidades locais, embora frequentemente marcadas por conflitos e exploração, também levaram ao intercâmbio de conhecimentos, tecnologias e ideias que influenciaram o desenvolvimento da economia, da governação e das instituições sociais do Uganda. O legado das expedições colonialistas desde a costa até ao Uganda continua a moldar a identidade, o património e a trajetória de desenvolvimento do país, realçando o impacto complexo e duradouro dos encontros e compromissos históricos na evolução da região.

As viagens dos colonialistas da costa para o Uganda durante a era colonial representaram um capítulo significativo na história da região, caracterizado pela exploração, conquista e transformação. Estas expedições, empreendidas através de várias rotas e meios de transporte, depararam-se com inúmeros desafios e obstáculos, mas acabaram por lançar as bases para a integração do Uganda na economia colonial, nas infra-estruturas e nos sistemas de governação. O impacto destas viagens na história e no desenvolvimento do Uganda sublinha o legado duradouro dos encontros coloniais e a sua marca duradoura na identidade da região e na trajetória para a modernização e a independência. Os colonialistas, exploradores e comerciantes que procuravam aventurar-se no Uganda a partir da costa, principalmente da costa da África Oriental ao longo do Oceano Índico, tinham de navegar por diversos terrenos, climas e paisagens, ultrapassando inúmeros obstáculos pelo caminho. . (Goodfellow, 2012)

Rotas e modos de transporte

Os colonialistas que viajavam para o Uganda a partir da costa tinham à sua disposição várias rotas e modos de transporte, dependendo do período, das condições geográficas e de considerações logísticas. Algumas das rotas e modos de transporte comuns utilizados pelos colonialistas incluíam

1. Rota marítima: A forma mais comum e eficaz de os colonialistas chegarem ao Uganda a partir da costa era por mar. Normalmente, navegavam de portos ao longo da costa da África Oriental, como Mombaça ou Zanzibar, para portos designados no Lago Vitória, como Entebbe ou Jinja. Esta rota marítima permitia o transporte de mercadorias, equipamento e pessoal em grandes quantidades, bem como a exploração de novas oportunidades comerciais ao longo do caminho.
2. Viagem por terra: Nos casos em que o acesso marítimo direto não era viável, os colonialistas embarcavam em viagens terrestres desde a costa até ao Uganda. Esta viagem podia ser efectuada a pé, utilizando animais de carga ou empregando carregadores locais para transportar mantimentos e equipamento ao longo de grandes distâncias. A viagem por terra era um desafio e muitas vezes perigosa, uma vez que

exigia a navegação através de florestas densas, terrenos acidentados e ambientes hostis, o que a tornava uma tarefa lenta e perigosa.

3. Navegação fluvial: Outro meio de transporte utilizado pelos colonialistas que viajavam para o Uganda era a navegação fluvial. Rios como o Nilo e os seus afluentes constituíam importantes vias fluviais para o transporte de bens e pessoas para o interior, oferecendo uma alternativa às rotas terrestres e facilitando os desafios logísticos das viagens de longa distância.

Desafios enfrentados

A viagem da costa para o Uganda colocou os colonialistas perante uma série de desafios que puseram à prova a sua determinação, adaptabilidade e engenho. Alguns dos principais desafios enfrentados pelos colonialistas na sua viagem para o Uganda incluíam

1. Riscos de doença e de saúde: O clima tropical e as doenças desconhecidas encontradas ao longo da rota representavam riscos significativos para a saúde dos colonialistas, provocando doenças, mortes e o enfraquecimento das forças expedicionárias. A malária, a disenteria e outras doenças tropicais eram frequentes e podiam ter efeitos devastadores para os viajantes vindos da costa.
2. Ambientes hostis: As diversas paisagens e ambientes atravessados pelos colonialistas apresentavam desafios físicos, logísticos e de segurança. Florestas densas, montanhas íngremes, planícies áridas e pântanos pantanosos impediam o progresso, enquanto os encontros com populações indígenas hostis, animais selvagens e catástrofes naturais aumentavam os perigos enfrentados pelos viajantes.
3. Constrangimentos logísticos: As infra-estruturas limitadas, os recursos escassos e as condições imprevisíveis ao longo do percurso criaram constrangimentos logísticos para os colonialistas, exigindo um planeamento, aprovisionamento e coordenação cuidadosos para garantir o êxito das suas viagens. A escassez de alimentos, água e provisões podia resultar em atrasos, contratempos ou mesmo na impossibilidade de chegar ao destino.

Impacto na história e no desenvolvimento

As viagens dos colonialistas da costa ao Uganda tiveram um impacto profundo na história, no desenvolvimento e na integração da região na economia colonial e global. Estas expedições abriram novas rotas comerciais, alargaram os territórios coloniais e facilitaram a troca de bens, ideias e culturas entre as regiões costeiras e o interior. A chegada dos colonialistas ao Uganda anunciou um período de profunda transformação, com consequências sociais, políticas e económicas de grande alcance que moldaram o curso da história do país.

Os colonialistas trouxeram consigo novas tecnologias, instituições e indústrias que transformaram a paisagem, a economia e a sociedade do Uganda. A construção de redes de transportes, como estradas, caminhos-de-ferro e portos, facilitou a circulação de mercadorias, pessoas e capitais, lançando as bases para as modernas infra-estruturas de transportes do Uganda. O estabelecimento de rotas comerciais, mercados e centros administrativos ligou o Uganda a redes regionais e globais, promovendo o crescimento económico, a urbanização e o intercâmbio cultural.

Além disso, as interações entre os colonialistas e as comunidades locais, embora frequentemente marcadas por conflitos e exploração, também levaram ao intercâmbio de conhecimentos, tecnologias e ideias que influenciaram o desenvolvimento da economia, da governação e das instituições sociais do Uganda. O legado das expedições colonialistas desde a costa até ao Uganda continua a moldar a identidade, o património e a trajetória de desenvolvimento do país, realçando o impacto complexo e duradouro dos encontros e compromissos históricos na evolução da região.

As viagens dos colonialistas da costa para o Uganda durante a era colonial representaram um capítulo significativo na história da região, caracterizado pela exploração, conquista e transformação. Estas expedições, realizadas através de várias rotas e meios de transporte, depararam-se com inúmeros desafios e obstáculos, mas acabaram por lançar as bases para a integração do Uganda na economia colonial, nas infra-estruturas e nos sistemas de governação. O impacto destas viagens na história e no desenvolvimento do Uganda sublinha o legado duradouro dos encontros coloniais e a sua marca duradoura na identidade da região e na trajetória para a modernização e a independência.

A construção da história no Uganda

A construção da história no Uganda é um processo complexo e cheio de nuances que envolve a exploração, interpretação e preservação do rico património cultural, político e social do país. A história do Uganda é uma tapeçaria de diversas experiências, tradições e narrativas que reflectem as complexidades do seu passado e os desafios do seu presente. A construção da história no Uganda implica descobrir e recontar as histórias do seu povo, sociedades e acontecimentos, lançando luz sobre as forças que moldaram a nação e a sua identidade. (Burke, 2009)

Um aspeto fundamental da construção da história no Uganda é a exploração do seu passado pré-colonial. Antes da chegada das potências coloniais europeias, o Uganda era o lar de uma grande variedade de grupos étnicos indígenas, cada um com as suas próprias culturas, línguas e estruturas sociais distintas. A construção da história no Uganda envolve a investigação das tradições orais, dos achados arqueológicos e dos registos escritos destas comunidades para compreender o seu modo de vida, sistemas de crenças e interações entre si. Ao juntarem os fragmentos da história pré-colonial do Uganda, os historiadores e os académicos podem reconstruir uma imagem mais abrangente e holística do desenvolvimento inicial do país. (Kasozi, 1994)

O período colonial também desempenhou um papel significativo na formação da história do Uganda, com a chegada das potências europeias a provocar mudanças profundas na governação, na economia e na sociedade. A construção da história no Uganda durante a era colonial implica uma análise crítica do impacto da colonização nas instituições políticas, nos sistemas de posse de terra e nas práticas culturais do país. Implica também explorar os movimentos de resistência, as colaborações e as transformações sociais que caracterizaram a luta do Uganda pela independência e autodeterminação. (Gould, 1989)

O Uganda pós-independência assistiu à sua quota-parte de acontecimentos históricos, incluindo convulsões políticas, mudanças sociais e desafios económicos. A construção da história no Uganda no período pós-independência envolve a documentação e a análise do percurso do país em direção à construção da nação, à democratização e ao desenvolvimento sustentável. Implica também lidar com os legados de injustiças, conflitos e divisões do passado, bem como com os esforços para reconciliar e sarar as feridas do passado para um futuro mais inclusivo e pacífico.

Construir a história no Uganda não é apenas contar factos e números; é também dar voz a perspectivas marginalizadas, desafiar as narrativas dominantes e envolver-se em diversas interpretações do passado. Requer uma abordagem crítica e inclusiva ao estudo da história que reconheça as complexidades, contradições e contestações inerentes à trajetória histórica do Uganda. Ao participarem em conversas, debates e diálogos sobre a história do Uganda, académicos, activistas e decisores políticos podem contribuir para uma compreensão mais matizada, reflexiva e precisa do passado do país e das suas implicações para o presente e o futuro.

A construção da história no Uganda é um processo contínuo e dinâmico que envolve o envolvimento com as complexidades, contradições e nuances do passado do país. Ao explorar as histórias pré-colonial, colonial e pós-independência do Uganda, os académicos e os contadores de histórias podem contribuir para uma compreensão mais profunda e abrangente do património e da identidade diversificados do país. A construção da história no Uganda não é apenas um esforço académico, mas também um ato social e político que molda a memória colectiva, a identidade e as aspirações do seu povo. À medida que o Uganda continua a percorrer o seu caminho em direção ao progresso e à prosperidade, a construção da história desempenhará um papel fundamental na fundamentação, informação e inspiração do seu percurso em direção a um futuro mais inclusivo, justo e sustentável.

O impacto do desenvolvimento dos transportes em África?

O desenvolvimento das infra-estruturas de transportes na África Oriental colonial teve um impacto profundo na paisagem económica, social e política da região. A era colonial, caracterizada pela disputa dos territórios africanos pelas potências europeias, assistiu à construção de estradas, caminhos-de-ferro, portos e outras redes de transportes na África Oriental para facilitar a circulação de pessoas, bens e recursos. O desenvolvimento dos transportes na África Oriental colonial não só serviu os interesses estratégicos das potências coloniais, como também provocou mudanças de grande alcance que moldaram a trajetória de desenvolvimento da região para as gerações vindouras.

Um impacto significativo do desenvolvimento dos transportes na África Oriental colonial foi a facilitação do comércio e das trocas comerciais. A construção de estradas, caminhos-de-ferro e portos permitiu o transporte eficiente de mercadorias das regiões do interior para os centros comerciais costeiros e vice-versa. Isto resultou numa maior troca de mercadorias, como marfim, especiarias, têxteis e minerais, entre a África Oriental e os mercados mundiais. A melhoria da conetividade proporcionada pelas redes de transportes permitiu a expansão das rotas comerciais, o crescimento dos mercados e o surgimento de novas oportunidades económicas, alimentando as actividades comerciais e estimulando o desenvolvimento económico da região. (Burke, 2009)

Além disso, o desenvolvimento de infra-estruturas de transportes na África Oriental colonial facilitou a extração e a exploração de recursos naturais. Foram construídas estradas e caminhos-de-ferro para ligar as zonas ricas em recursos, como os locais de extração mineira, as plantações e as terras agrícolas, aos portos para exportação para as potências coloniais. As redes de transportes proporcionaram um meio de transporte de matérias-primas, mão de obra e equipamento de e para esses locais de recursos, permitindo a extração e produção de mercadorias para o comércio internacional. A acessibilidade proporcionada pela infraestrutura de transportes facilitou a agenda económica da administração colonial de extração e exploração de recursos, moldando a dependência económica da região em relação às potências coloniais.

O desenvolvimento dos transportes na África Oriental colonial teve também consequências sociais e demográficas. A construção de redes de transportes levou à deslocação de pessoas dentro e através da região, resultando na migração de trabalhadores, comerciantes e colonos para as novas áreas ligadas. O afluxo de migrantes e a deslocação das populações indígenas ao longo das rotas de transporte contribuíram para as alterações demográficas e as trocas culturais que caracterizaram as sociedades coloniais. Além disso, a infraestrutura de transportes facilitou a difusão de novas tecnologias, ideias e conhecimentos, moldando as interações sociais, a urbanização e a difusão cultural na África Oriental colonial.

Além disso, o desenvolvimento dos transportes na África Oriental colonial teve implicações políticas, uma vez que as redes de transportes serviram de instrumentos de controlo e governação colonial. As estradas, os caminhos-de-ferro e os portos foram estrategicamente construídos para afirmar o poder colonial, estabelecer centros administrativos e assegurar a mobilidade militar nos territórios. As infra-estruturas de transportes permitiram às autoridades coloniais exercer a sua influência, controlar e regular os movimentos de pessoas e mercadorias e consolidar a sua autoridade política sobre a região. O controlo das redes de transportes também desempenhou um papel crucial na supressão da dissidência, na gestão da resistência e na aplicação das políticas e regulamentos coloniais.

O desenvolvimento dos transportes na África Oriental colonial teve um impacto multifacetado na economia, na sociedade e na política da região. A construção de estradas, caminhos-de-ferro e portos facilitou o comércio, a extração de recursos e as mudanças demográficas, servindo também como instrumentos de controlo e governação colonial. A infraestrutura de transportes construída durante a era colonial não só transformou a paisagem física da África Oriental, como também moldou as suas estruturas económicas, dinâmicas sociais e sistemas políticos. O legado do desenvolvimento dos transportes coloniais continua a influenciar as redes de transportes, as relações económicas e as narrativas históricas da região, sublinhando o impacto duradouro do colonialismo no desenvolvimento da África Oriental.

Durante o período colonial em várias regiões de África, incluindo a África Oriental, as autoridades coloniais procuraram transformar os caminhos de caravanas existentes em auto-estradas com todas as condições meteorológicas para facilitar o comércio, o transporte e a administração. Estes esforços faziam parte de um programa colonial mais vasto que visava explorar os recursos dos territórios africanos, exercer controlo sobre as populações locais e integrar as colónias no sistema económico global. A transformação dos caminhos de caravanas em auto-estradas modernas teve implicações de grande alcance tanto para os colonizadores como para os colonizados, moldando a paisagem física e social das regiões envolvidas.

Os caminhos das caravanas eram rotas comerciais tradicionais que eram utilizadas há séculos, ligando diferentes regiões, mercados e comunidades em toda a África. Estas rotas eram normalmente caminhos de terra batida ou trilhos que atravessavam terrenos variados, incluindo florestas, savanas, montanhas e desertos. Caravanas de comerciantes, mercadores e carregadores viajavam ao longo destes caminhos com mercadorias como especiarias, têxteis, marfim, ouro e escravos, trocando mercadorias e cultura entre diversas sociedades africanas.

As autoridades coloniais reconheceram a importância estratégica destas rotas para o comércio e procuraram transformá-las em redes de transporte mais eficientes.

A transformação dos caminhos das caravanas em auto-estradas para todas as condições meteorológicas envolveu várias actividades fundamentais. Os engenheiros e agrimensores coloniais foram encarregados de mapear as rotas existentes, identificar locais estratégicos e determinar o melhor trajeto para as novas estradas. As equipas de construção, muitas vezes compostas por trabalhadores locais e trabalho forçado, limparam a vegetação, nivelaram o terreno e construíram pontes e bueiros para tornar as estradas transitáveis em todas as condições climatéricas. A utilização de técnicas e materiais de construção modernos, como cascalho, murram e laterite, ajudou a melhorar as estradas e a transformá-las em auto-estradas duradouras e resistentes a todas as condições climatéricas. (Dijkstra, 2001)

A construção de auto-estradas com todas as condições meteorológicas trouxe benefícios significativos para as autoridades coloniais. Estas estradas melhoraram a eficiência dos transportes e do comércio, permitindo uma circulação mais rápida de mercadorias, pessoas e abastecimentos militares nas colónias. As estradas também facilitaram a deslocação de administradores coloniais, funcionários e forças de segurança para áreas remotas, aumentando o alcance e o controlo do Estado colonial. Ao transformar os caminhos das caravanas em auto-estradas modernas, as autoridades coloniais pretendiam simplificar a governação, maximizar a exploração económica e reforçar o seu domínio sobre as populações indígenas.

No entanto, a transformação dos caminhos de caravanas em auto-estradas com todas as condições meteorológicas teve também consequências para as populações locais. A construção de estradas levou frequentemente à deslocação de comunidades, à destruição de habitats naturais e à perturbação dos modos de vida tradicionais. A mão de obra local foi muitas vezes coagida ou explorada em projectos de construção de estradas, levando a ressentimentos e resistência entre as populações indígenas. Além disso, a introdução de estradas modernas alterou a dinâmica social e económica da região, afectando as rotas comerciais tradicionais, os mercados e os modos de transporte.

Os esforços das autoridades coloniais para transformar os caminhos das caravanas em estradas com todas as condições meteorológicas faziam parte de uma estratégia mais ampla para afirmar o controlo, facilitar o comércio e melhorar a governação nas colónias. A construção de estradas modernas teve vantagens e inconvenientes, moldando a paisagem física e as relações sociais das regiões envolvidas. Embora as auto-estradas tenham melhorado a conetividade, os transportes e a eficiência administrativa das potências coloniais, também impuseram mudanças e perturbações nos meios de subsistência e nas culturas das populações locais. O legado destas auto-estradas continua a fazer-se sentir na era pós-colonial, influenciando as infra-estruturas, a economia e a sociedade das regiões que outrora estavam ligadas por caminhos de caravanas.

Sistema colonial de transportes em África: Motivos, Desafios e Impacto

O sistema de transportes colonial em África foi um elemento fundamental do domínio colonial europeu no continente, concebido para facilitar a exploração dos recursos africanos e a consolidação do poder colonial. As motivações subjacentes ao desenvolvimento do sistema de transportes foram essencialmente motivadas por interesses económicos, considerações estratégicas e a necessidade de manter o controlo sobre vastos territórios coloniais. No entanto, o sistema de transportes colonial também enfrentou numerosos desafios, incluindo constrangimentos técnicos, obstáculos ambientais e resistência das populações locais. O impacto do sistema de transportes colonial em África foi profundo, moldando a paisagem económica, social e política do continente e contribuindo para um desenvolvimento desigual.

Um dos principais motivos subjacentes ao desenvolvimento do sistema de transportes colonial em África foi facilitar a extração e a exportação de recursos naturais. As potências coloniais procuravam explorar as abundantes riquezas naturais de África, incluindo os minerais, a madeira e os produtos agrícolas, e as infra-estruturas de transporte eram essenciais para transportar esses recursos até à costa para exportação. Foram construídos caminhos-de-ferro, estradas e portos para ligar as zonas ricas em recursos aos centros comerciais coloniais e para facilitar a circulação de bens e pessoas nos vastos territórios coloniais. O sistema de transportes foi crucial para a exploração económica de África e serviu os interesses das potências coloniais que procuravam maximizar os lucros e reforçar as suas economias.

Outro motivo fundamental por detrás do sistema de transportes colonial foram as considerações estratégicas e o controlo militar. A construção de estradas e caminhos-de-ferro permitiu às potências coloniais afirmar o seu domínio sobre os territórios africanos, manter a lei e a ordem e enviar tropas e abastecimentos para regiões remotas. O sistema de transportes facilitava a circulação de administradores coloniais, funcionários e forças de segurança, permitindo uma administração e governação eficazes das colónias. Além disso, a infraestrutura de transportes servia como meio de projeção de poder e influência, mostrando os avanços tecnológicos e as capacidades militares das potências coloniais.

Apesar das ambições e motivações que impulsionaram o desenvolvimento do sistema de transportes colonial em África, o projeto deparou-se com inúmeros desafios. Os condicionalismos técnicos, incluindo o terreno acidentado, os climas rigorosos e os recursos limitados, colocavam obstáculos significativos à construção e manutenção das infra-estruturas de transportes. Os engenheiros e trabalhadores enfrentaram desafios formidáveis na construção de estradas e caminhos-de-ferro através de florestas densas, desertos áridos e montanhas escarpadas, exigindo soluções inovadoras e investimentos significativos de tempo e recursos. Os factores ambientais, como as inundações, a erosão e a vida selvagem, também representaram desafios para a sustentabilidade e segurança do sistema de transportes.

Além disso, o sistema de transportes colonial enfrentou a resistência e a oposição das populações locais, que frequentemente viam as infra-estruturas como um instrumento de exploração e dominação. A construção de estradas e caminhos-de-ferro perturbou os padrões tradicionais de utilização das terras, deslocou comunidades e invadiu territórios indígenas, provocando descontentamento e conflitos. Os grupos indígenas resistiram à imposição das infra-estruturas de transportes coloniais através de protestos, sabotagens e rebeliões, desafiando a legitimidade e a autoridade das potências coloniais. O desenvolvimento desigual criado pelo sistema de transportes colonial perpetuou as disparidades no acesso aos recursos, às oportunidades e aos serviços, reforçando as desigualdades sociais e económicas existentes em toda a África.

O sistema de transportes colonial em África foi um projeto complexo e contestado, impulsionado por interesses económicos, considerações estratégicas e imperativos do domínio colonial. Embora a infraestrutura de transportes desempenhasse um papel crucial na facilitação do comércio, da administração e do controlo, também enfrentou desafios e resistências que moldaram o seu impacto no continente. O desenvolvimento desigual criado pelo sistema de transportes colonial reflectiu a distribuição desigual do poder, dos recursos e das oportunidades durante o colonialismo, deixando um legado duradouro de disparidades e divisões na África pós-colonial. O sistema de transportes introduzido pelas potências coloniais acabou por servir os seus próprios interesses e perpetuou um sistema de exploração e desigualdade que continua a moldar a dinâmica socioeconómica do continente.

A evolução histórica da construção de estradas no Uganda

O desenvolvimento histórico da construção de estradas no Uganda é uma viagem fascinante que reflecte a evolução económica, social e política do país ao longo do tempo. As estradas têm desempenhado um papel crucial na ligação das comunidades, facilitando o comércio e a promoção do desenvolvimento no Uganda. A construção e manutenção de estradas no Uganda evoluíram significativamente ao longo dos anos, desde os tradicionais caminhos pedonais e trilhos para animais até às modernas auto-estradas e vias rápidas. Compreender o contexto histórico da construção de estradas no Uganda fornece uma visão da infraestrutura de transportes e da trajetória de desenvolvimento do país.

Os primórdios da construção de estradas no Uganda remontam à época pré-colonial, quando as comunidades indígenas desenvolveram caminhos pedonais, trilhos e caminhos para ligar aldeias, mercados e centros comerciais. Estes caminhos eram utilizados principalmente por peões, ciclistas e animais para o transporte de mercadorias, colheitas e pessoas. As redes de estradas indígenas no Uganda eram informais, orgânicas e adaptadas ao terreno local, com percursos determinados por caraterísticas geográficas, padrões de utilização da terra e interações sociais. Estas estradas primitivas serviram como linhas de vida para a comunicação, transporte e intercâmbio social entre diferentes grupos étnicos e regiões do Uganda.

Durante o período colonial, a construção de estradas no Uganda sofreu transformações significativas à medida que as potências europeias, incluindo os britânicos, estabeleceram o controlo sobre o país. As autoridades coloniais reconheceram a importância estratégica das estradas para a exploração económica, a eficiência administrativa e o controlo militar. O governo colonial iniciou vários projectos de construção de estradas para ligar os centros urbanos, as propriedades agrícolas e as áreas ricas em recursos aos portos e caminhos-de-ferro para exportação. As estradas foram construídas utilizando trabalho manual, ferramentas básicas e materiais disponíveis localmente, como cascalho, terra e pedras, para melhorar a acessibilidade e a conetividade nos territórios coloniais.

O legado colonial da construção de estradas no Uganda lançou as bases da moderna infraestrutura de transportes do país. A administração colonial britânica construiu grandes estradas nacionais, como a estrada Kampala-Jinja e a estrada Kampala-Mbarara, para ligar regiões importantes e promover o desenvolvimento económico. [th]O advento dos veículos motorizados no início do século XX aumentou ainda mais a procura de melhores estradas e pontes para acomodar o aumento do tráfego e transportar mercadorias de forma eficiente. As autoridades coloniais estabeleceram programas de manutenção de estradas, agências rodoviárias e normas para garantir a sustentabilidade e a capacidade de utilização da rede rodoviária.

Após a independência em 1962, o governo do Uganda continuou a investir na construção de estradas e no desenvolvimento de infra-estruturas como parte dos seus esforços de construção nacional. A era pós-independência testemunhou a expansão da rede rodoviária, a modernização das estradas existentes e a construção de novas auto-estradas para melhorar a conetividade e a acessibilidade no país. O governo deu prioridade às infra-estruturas rodoviárias como um pilar fundamental do crescimento económico, da inclusão social e da integração regional, investindo na reabilitação, expansão e modernização das estradas para satisfazer a crescente procura de transportes.

Nos últimos anos, o Uganda continuou a fazer progressos significativos na construção de estradas e no desenvolvimento de infra-estruturas através de parcerias público-privadas, apoio de doadores e iniciativas nacionais. A introdução de técnicas de construção, materiais e tecnologias modernas melhorou a qualidade, a segurança e a eficiência dos projectos rodoviários no Uganda. A construção de vias rápidas, desvios e pontes melhorou a conetividade entre os centros urbanos, reduziu os tempos de deslocação e promoveu o comércio e o turismo regionais. O empenho do governo na infraestrutura rodoviária como motor do crescimento económico e do progresso social sublinha a importância de uma rede rodoviária bem desenvolvida para o desenvolvimento sustentável do Uganda.

O desenvolvimento histórico da construção de estradas no Uganda reflecte o percurso do país desde os caminhos indígenas até às modernas auto-estradas, simbolizando o seu crescimento, transformação e conetividade ao longo do tempo. A construção de estradas no Uganda foi moldada por práticas indígenas, legados coloniais, prioridades pós-independência e desafios contemporâneos. A evolução da infraestrutura rodoviária no Uganda sublinha o papel fundamental que os transportes desempenham na promoção do desenvolvimento económico, da coesão social e da unidade nacional. A construção de estradas no Uganda continua a ser um processo dinâmico e transformador que liga pessoas, lugares e oportunidades, moldando o futuro e o legado do país nos anos vindouros.

A história do Aeroporto Internacional de Entebbe

O Aeroporto Internacional de Entebbe, situado nas margens do Lago Vitória, no Uganda, tem uma história rica e fascinante que se estende por mais de nove décadas. Desde o seu humilde início como uma pequena pista de aterragem de relva até ao seu atual estatuto de aeroporto internacional moderno, Entebbe desempenhou um papel significativo na história da aviação e no desenvolvimento económico do país.

Os primeiros passos

Na década de 1920, o governo colonial britânico reconheceu a necessidade de um aeroporto no Uganda para facilitar o transporte aéreo e a ligação com outras partes do mundo. Em 1929, foi construída uma pequena pista de aterragem em Entebbe, uma pequena cidade situada a cerca de 40 quilómetros a sul de Kampala, a capital. A pista era utilizada principalmente por aviões militares e civis, com voos que ligavam Entebbe a Nairobi, no Quénia, e a outros destinos regionais.

Expansão e crescimento

Durante a Segunda Guerra Mundial, o Aeroporto de Entebbe desempenhou um papel fundamental no esforço de guerra, servindo como base militar estratégica e paragem de reabastecimento para as forças aliadas. O aeroporto foi objeto de uma expansão e modernização significativas, com a construção de novas pistas, caminhos de circulação e plataformas. As instalações do aeroporto também foram melhoradas para acomodar aviões maiores e aumentar o tráfego de passageiros.

Desenvolvimento pós-independência

Após a independência do Uganda em 1962, o governo reconheceu a importância do Aeroporto de Entebbe como um bem nacional vital e um motor fundamental do crescimento económico. O aeroporto passou por uma expansão e modernização adicionais, com a construção de um novo edifício terminal, uma torre de controlo e outras instalações. O Aeroporto de Entebbe tornou-se um importante centro de voos regionais e internacionais, com ligações à Europa, Ásia e outras partes de África. (Mugisha, 2015)

Desafios e contratempos

Apesar do seu crescimento e desenvolvimento, o aeroporto de Entebbe enfrentou desafios e contratempos significativos, incluindo instabilidade política, recessão económica e limitações em termos de infra-estruturas. Em 1976, o aeroporto foi palco de uma operação dramática de resgate de reféns, conhecida como Operação Thunderbolt, em que comandos israelitas resgataram mais de 100 reféns de um avião da Air France sequestrado.

Modernização e reabilitação

Nos últimos anos, o aeroporto de Entebbe foi objeto de esforços significativos de modernização e reabilitação, com investimentos em novas infra-estruturas, tecnologias e instalações. O aeroporto foi expandido para acomodar o aumento do tráfego de passageiros e aeronaves maiores, com a construção de novos terminais, plataformas e vias de circulação. O aeroporto também foi atualizado para cumprir as normas internacionais de segurança e proteção.

Situação atual e planos futuros

Atualmente, o Aeroporto Internacional de Entebbe é um aeroporto moderno e eficiente que funciona como uma importante plataforma de correspondência para voos regionais e internacionais. O aeroporto tem capacidade para mais de 1,5 milhões de passageiros por ano e movimenta mais de 10.000 aeronaves por ano. O aeroporto é também um importante centro de carga, com volumes significativos de mercadorias a passar pelas suas instalações. (Gould, 1989)

Os planos futuros para o aeroporto incluem uma maior expansão e modernização, com investimentos em novas infra-estruturas, tecnologia e instalações. Espera-se também que o aeroporto desempenhe um papel fundamental no desenvolvimento económico do Uganda, com planos para o estabelecer como um importante centro regional de comércio, turismo e investimento.

O Aeroporto Internacional de Entebbe tem uma história rica e fascinante que reflecte a história da aviação e o desenvolvimento económico do país. Desde o seu humilde início como uma pequena pista de aterragem de relva até ao seu estatuto atual como um moderno aeroporto internacional, Entebbe tem desempenhado um papel significativo na ligação do Uganda ao mundo e na promoção do crescimento económico. medida que o aeroporto continua a crescer e a desenvolver-se, é essencial reconhecer a sua importância como um bem nacional vital e um motor essencial do desenvolvimento económico.

O primeiro avião a aterrar no Uganda

O primeiro avião a aterrar no Uganda foi um avião Canopus, também conhecido como barco voador ou avião marítimo, que chegou em fevereiro de 1927 [1 2]. Este acontecimento histórico marcou o início da aviação no Uganda e abriu caminho para o desenvolvimento dos transportes aéreos no país. (Mugisha, 2015)

O avião Canopus era propriedade da North Sea and General Transport Limited, uma empresa britânica de transportes aéreos, e efectuava um voo experimental do Reino Unido para a África Oriental [1 2]. O avião tinha 14 lugares, excluindo a tripulação de cabina, e foi especialmente concebido para aterrar tanto em água como em terra [1 2].

A viagem do avião para o Uganda começou no Reino Unido, onde descolou e voou para Port Alexandria, no Egito, depois para Cartum, no Sudão, e finalmente para Port Kisumu, no Quénia, antes de aterrar em Port Bell, nas águas do Lago Vitória, no Uganda [1 2].

Esta aterragem histórica marcou o início de uma nova era na história dos transportes do Uganda e abriu caminho ao desenvolvimento dos transportes aéreos no país. A criação do Aeroporto Internacional de Entebbe, em 1952, solidificou ainda mais a posição do Uganda como ator fundamental no sector da aviação da região [3 4].

Em conclusão, o primeiro avião a aterrar no Uganda foi um avião Canopus que chegou em fevereiro de 1927, assinalando um marco significativo na história da aviação do país. Este acontecimento abriu caminho para o desenvolvimento dos transportes aéreos no Uganda e solidificou a posição do país como um ator-chave no sector da aviação da região.

A história dos caminhos-de-ferro do Uganda

O caminho de ferro do Uganda, um sistema ferroviário de bitola métrica, era uma empresa ferroviária estatal britânica que ligava o interior do Uganda e do Quénia ao porto de Mombaça, no Quénia, no Oceano Índico. O caminho de ferro desempenhou um papel crucial no desenvolvimento económico e político de ambos os países. Este artigo apresenta uma análise exaustiva da história dos Caminhos-de-Ferro do Uganda, desde a sua construção até à sua situação atual.

Construção (1895-1901)

A construção do Caminho-de-Ferro do Uganda foi autorizada pela Lei do Caminho-de-Ferro do Uganda de 1896, tendo George Whitehouse como Engenheiro-Chefe e Diretor [1]. O caminho de ferro foi construído entre 1896 e 1901, com um comprimento total de 1.060 km, todos eles no Quénia [1]. A construção do caminho de ferro foi um feito significativo, exigindo a importação de materiais da Índia e a criação de um porto moderno no porto de Kilindini, em Mombaça [1].

Gestão e trabalhadores

O caminho de ferro do Uganda foi gerido por George Whitehouse, com uma equipa de engenheiros e trabalhadores recrutados na Índia Britânica[1]. No total, foram recrutadas 36.811 pessoas, incluindo coolies, artesãos e oficiais subalternos [1]. Infelizmente, 2.493 trabalhadores morreram durante a construção do caminho de ferro, principalmente devido a doenças e às duras condições de trabalho [1].

Lei e Ordem

Para manter a lei e a ordem ao longo do caminho de ferro, foi instituído um departamento de polícia, com uma força de 400 polícias recrutados na Índia [1]. A força policial foi mais tarde entregue ao governo do Protetorado após a conclusão do caminho de ferro [1].

Resistência e desafios

A construção do caminho de ferro enfrentou a resistência das comunidades locais, nomeadamente do povo Nandi, liderado por Koitalel Arap Samoei [1]. O caminho de ferro também enfrentou desafios da vida selvagem, incluindo os famosos leões devoradores de homens de Tsavo que mataram pelo menos 28 trabalhadores [1].

Extensões e ramificações

O caminho de ferro do Uganda foi alargado a Kampala em 1913, com ramais construídos para Thika, Lago Magadi, Kitale, Naro Moro e Soroti [1]. O caminho de ferro foi posteriormente alargado a Kasese, no oeste do Uganda, em 1956 [1].

Navegação interior

O caminho de ferro do Uganda desenvolveu serviços de transporte marítimo no Lago Vitória, com o lançamento do SS William Mackinnon em 1898 [1]. O caminho de ferro também introduziu navios a vapor com rodas de popa no Lago Kyoga e no Nilo Vitória [1].

Turismo de Safari

O caminho de ferro do Uganda desempenhou um papel importante no desenvolvimento do turismo de safari na África Oriental, com muitos viajantes a utilizarem o caminho de ferro para aceder ao interior do Uganda e do Quénia [1]

Situação atual

Após a independência, os caminhos-de-ferro do Quénia e do Uganda caíram em desuso [1]. No entanto, em 2017, foi concluída a linha férrea de bitola padrão Mombasa-Nairobi, paralela à linha férrea original do Uganda [1]. O caminho de ferro de bitola métrica continua a ser utilizado, transportando passageiros entre o novo terminal SGR de Nairobi e a antiga estação de comboios de bitola métrica no centro da cidade de Nairobi [1].

O caminho de ferro do Uganda desempenhou um papel crucial no desenvolvimento económico e político do Uganda e do Quénia. Desde a sua construção até ao seu estado atual, o caminho de ferro enfrentou numerosos desafios e ultrapassou muitos obstáculos. Esta análise exaustiva da história dos Caminhos-de-Ferro do Uganda proporciona uma visão valiosa do desenvolvimento das infra-estruturas de transportes na África Oriental. (Apter, 1961)

CAPÍTULO DOIS

Redes de transportes pré-coloniais do Uganda

Em tempos, no coração da África Oriental, a terra que hoje conhecemos como Uganda era uma tapeçaria de paisagens diversas, mercados movimentados e comunidades vibrantes. Muito antes da chegada das potências coloniais e dos modernos sistemas de transportes, as sociedades pré-coloniais do Uganda tinham desenvolvido intrincadas redes de transportes que ligavam aldeias distantes, rotas comerciais e centros culturais em toda a região. (Goodfellow, 2012)

Nas florestas luxuriantes das Montanhas Rwenzori, os pigmeus Batwa vagueavam pela densa vegetação, percorrendo caminhos estreitos e trilhos escondidos em busca de comida, água e abrigo. Estes caminhos antigos, desgastados por séculos de tráfego pedonal, atravessavam as montanhas, ligando aldeias remotas e zonas de caça aos principais centros de comércio da região. Os Batwa eram os guardiões silenciosos destes caminhos secretos, o seu conhecimento da terra era transmitido através de gerações em histórias, canções e lendas sussurradas.

Mais para leste, ao longo das margens do Lago Vitória, o reino Baganda prosperou nas terras férteis de Buganda. Os Baganda eram mestres construtores de canoas e marinheiros habilidosos, navegando a vasta extensão das águas do lago com facilidade e graça. As suas canoas escavadas, esculpidas em troncos de árvores maciças, deslizavam pela superfície cintilante do lago, transportando mercadorias, pessoas e mensagens entre ilhas distantes e comunidades costeiras. O bater rítmico dos remos contra a água ecoava pelo lago, um testemunho do engenho e da desenvoltura do povo Baganda. (Lwasa, 2012)

Nas colinas ondulantes de Ankole, os pastores Banyankole cuidavam do seu gado, deslocando-o através dos prados verdejantes em busca de pastagens frescas e fontes de água. Os Banyankole baseavam-se no seu conhecimento íntimo da terra e dos padrões sazonais de migração para guiar os seus rebanhos ao longo de trilhos de gado estabelecidos. Estas rotas milenares, desgastadas pelos cascos e pelas nuvens de poeira, atravessavam as colinas e os vales de Ankole, ligando pastagens, bebedouros e propriedades ancestrais numa complexa teia de movimento e tradição. (Mugisha, 2015)

Muito a norte, nas planícies áridas de Karamoja, os nómadas Karimojong percorriam a paisagem agreste, seguindo as antigas rotas migratórias dos seus antepassados. Os Karimojong eram um povo orgulhoso e resistente, cuja sobrevivência dependia da sua capacidade de adaptação às duras condições da savana. Navegavam a pé pela vasta extensão das planícies, pastoreando o seu gado, camelos e cabras ao longo de caminhos bem usados que cortavam as acácias espinhosas e os afloramentos rochosos da região.

Por todas as terras do Uganda, desde as florestas enevoadas das montanhas até às planícies banhadas pelo sol da savana, estas redes de transportes pré-coloniais fervilhavam de atividade, vida e movimento. Eram as artérias que ligavam as comunidades, facilitavam o comércio e fomentavam o intercâmbio cultural entre os diversos povos do Uganda. Os caminhos pedonais, os cursos de água e os trilhos de tração animal que atravessavam a paisagem não eram apenas rotas de viagem; eram símbolos de resiliência, engenho e património comum que uniam o povo do Uganda numa tapeçaria de ligação e unidade.

Ao pôr do sol de mais um dia no Uganda, os ecos de antigos passos, remos e cascos permaneciam no ar, uma lembrança do legado duradouro das redes de transportes pré-coloniais do Uganda. Nestes caminhos escondidos, trilhos esquecidos e rios intemporais, o espírito de uma nação prosperou, a sua história, cultura e identidade foram tecidas no tecido da terra. E embora os ventos da mudança em breve varressem o Uganda, transformando os seus sistemas de transporte e as suas paisagens, os ecos do passado permaneceriam sempre, um testemunho da resiliência e da sabedoria de um povo que percorreu estes caminhos durante gerações, forjando um legado que perduraria durante séculos. (Lwasa, 2012)

Traditional Transport Systems and Routes Used by Indigenous Communities in Uganda (Sistemas e percursos de transporte tradicionais utilizados pelas comunidades indígenas no Uganda): Uma análise aprofundada

Muito antes do advento das modernas redes de transportes, as comunidades indígenas do Uganda dependiam dos meios de transporte tradicionais para navegar nas diversas paisagens da região. Desde terrenos montanhosos a florestas luxuriantes e vastas savanas, os sistemas de transporte e as rotas desenvolvidas por estas comunidades eram essenciais para a sua sobrevivência, comércio e intercâmbio cultural. (Lwasa, 2012)

Diversidade geográfica do Uganda

A paisagem geográfica do Uganda é caracterizada por uma grande variedade de ecossistemas, incluindo montanhas, lagos, rios, florestas e savanas. Esta diversidade de terrenos colocou desafios e oportunidades únicos às comunidades indígenas do Uganda, que desenvolveram sistemas de transporte inovadores para atravessar estas paisagens variadas. As regiões montanhosas das Montanhas Rwenzori, as paisagens montanhosas de Ankole, os cursos de água do Lago Vitória e as planícies áridas de Karamoja apresentaram desafios de transporte distintos que moldaram o desenvolvimento de rotas de transporte tradicionais no Uganda.

Sistemas de transporte tradicionais

As comunidades indígenas do Uganda dependiam de uma variedade de sistemas de transporte tradicionais para transportar mercadorias, pessoas e gado através do país. As veredas e os trilhos eram o meio de transporte mais comum nas regiões montanhosas e florestais, onde os caminhos estreitos serpenteavam por entre a vegetação densa e o terreno acidentado. Estes caminhos, muitas vezes mantidos pelas comunidades locais através de práticas de limpeza e manutenção intensivas em mão de obra, ligavam aldeias, zonas de caça e rotas comerciais, facilitando a circulação de pessoas e bens.

Nas regiões onde os cursos de água eram abundantes, as comunidades indígenas desenvolveram sistemas de transporte baseados em canoas para navegar em lagos, rios e zonas húmidas. As canoas escavadas, fabricadas a partir de troncos de árvores robustos utilizando técnicas tradicionais de escultura, eram um meio de transporte comum entre as comunidades que viviam perto de massas de água como o Lago Vitória, o Lago Alberto e o Rio Nilo. Estas canoas eram essenciais para a pesca, transporte e comunicação, permitindo às comunidades aceder a ilhas remotas, pesqueiros e postos de comércio ao longo dos cursos de água.

Nas regiões pastoris do Uganda, como Ankole e Karamoja, as comunidades indígenas dependiam de sistemas de transporte de tração animal, como carroças puxadas por bois e caravanas de camelos, para transportar bens e pessoas através das vastas pastagens. Estes sistemas de transporte de tração animal estavam bem adaptados às planícies abertas e às longas distâncias da savana, permitindo que pastores, comerciantes e viajantes percorressem grandes distâncias enquanto transportavam mercadorias, colheitas e gado.

Significado cultural e legado

Os sistemas de transporte tradicionais e as rotas utilizadas pelas comunidades indígenas no Uganda não eram apenas meios práticos de chegar do ponto A ao ponto B; estavam também imbuídos de significado cultural, importância social e valor histórico. Estes sistemas de transporte constituíam a espinha dorsal da vida comunitária, ligando aldeias, mercados, locais sagrados e terras ancestrais numa teia de movimento e interação. Eram também locais de intercâmbio cultural, de narração de histórias e de partilha de experiências, onde o conhecimento da terra, os conhecimentos de navegação e as tradições eram transmitidos de geração em geração.

Apesar do advento de infra-estruturas de transporte modernas no Uganda, o legado dos sistemas e rotas de transporte tradicionais continua a ressoar no tecido cultural e na memória histórica do país. Os caminhos pedonais, os cursos de água e os trilhos para animais que atravessam a paisagem são um testemunho da desenvoltura, resiliência e engenho das comunidades indígenas na adaptação aos seus ambientes e na criação de soluções de transporte sustentáveis. A preservação destes sistemas e percursos de transporte tradicionais serve para recordar o rico património e a diversidade das culturas indígenas do Uganda, oferecendo uma visão do passado, do presente e do futuro dos transportes no país.

A análise dos sistemas de transporte tradicionais e das rotas utilizadas pelas comunidades indígenas no Uganda revela uma riqueza de conhecimentos, inovação e significado cultural que moldaram a paisagem de transportes do país. Desde caminhos pedestres nas montanhas a canoas nos lagos e carroças de tração animal nas savanas, estes sistemas de transporte tradicionais foram essenciais para a sobrevivência, o comércio e a comunicação das comunidades indígenas no Uganda. O legado duradouro destes sistemas de transporte realça a interligação entre cultura, ambiente e tecnologia na formação das práticas de transporte e sublinha a importância de preservar e celebrar o património cultural das diversas comunidades indígenas do Uganda. Ao explorar os sistemas de transporte e as rotas tradicionais do Uganda, ficamos a conhecer melhor o engenho, a adaptabilidade e o espírito comunitário dos povos indígenas que moldaram a história e a identidade dos transportes do país.

Role of Footpaths, Waterways, and Animal-Drawn Carts in Early Transportation (Papel das Calçadas, Vias Navegáveis e Carroças de Tração Animal nos Primeiros Transportes): Uma exploração do significado histórico e do impacto cultural

Muito antes do advento das estradas, caminhos-de-ferro e veículos modernos, as civilizações primitivas de todo o mundo recorriam a uma variedade de meios de transporte tradicionais para facilitar a circulação de pessoas, bens e ideias. Os caminhos pedonais, os cursos de água e as carroças puxadas por animais eram dos meios de transporte mais comuns e duradouros nas sociedades primitivas, desempenhando um papel crucial na formação do comércio, da comunicação e do intercâmbio cultural.

Caminhos pedonais: Caminhos de conetividade e tradição

Os caminhos pedonais são, desde há muito, as artérias do movimento humano, ligando aldeias, vilas e cidades através de terrenos e paisagens variados. Na antiguidade, os caminhos pedonais eram o principal meio de transporte para as pessoas que viajavam a pé, transportavam mercadorias ou guardavam o gado. Estes trilhos estreitos atravessavam florestas, montanhas, planícies e desertos, ligando comunidades remotas e facilitando o comércio, a migração e o intercâmbio cultural.

Os caminhos pedonais desempenharam um papel crucial na promoção da conetividade e da coesão social nas sociedades primitivas. Não eram apenas meios de deslocação física, mas também vias simbólicas de tradição, património e identidade comunitária. A manutenção e a utilização dos percursos pedestres estavam frequentemente integradas nos costumes, rituais e folclore locais, reflectindo o significado espiritual e a importância social destes percursos antigos. Os caminhos pedestres eram também locais de narração de histórias, canções e memória, onde as histórias orais e as práticas culturais eram transmitidas de geração em geração, perpetuando um sentimento de continuidade e de pertença entre as comunidades.

Construção de estradas pré-coloniais no Uganda

O Uganda pré-colonial era o lar de vários reinos e chefias que tinham redes de estradas bem estabelecidas. Estas estradas desempenharam um papel crucial na facilitação do comércio, da comunicação e do intercâmbio cultural entre diferentes regiões e comunidades. Apesar da falta de maquinaria e equipamento modernos, os ugandeses pré-coloniais construíram estradas duráveis e eficientes, utilizando materiais e técnicas locais transmitidos ao longo de gerações.

Um exemplo notável é a "Estrada Kintu", no Reino de Buganda, que ligava a capital, Kampala, aos distritos vizinhos. Esta estrada foi construída durante o reinado do Rei Kintu, o fundador do Reino de Buganda, e foi utilizada durante séculos para o comércio, as conquistas militares e o intercâmbio cultural. A estrada foi construída com terra compactada e cascalho, com canais de drenagem e pontes feitas de madeira e bambu.

Outro exemplo é o "Trilho de Kigezi", no sudoeste do Uganda, que ligava a região de Kigezi às regiões vizinhas de Ankole e Ruanda. Esta estrada era utilizada por comerciantes, viajantes e guerreiros, e era conhecida pelo seu terreno íngreme e beleza paisagística. A estrada foi construída com pedra e cascalho, com escadas e corrimões feitos de madeira e bambu.

O "Caminho Acholi", no norte do Uganda, é outro exemplo de construção de estradas pré-coloniais. Esta estrada ligava a região de Acholi às regiões vizinhas de Lango e Karamoja e era utilizada para o comércio, o intercâmbio cultural e as conquistas militares. A estrada foi construída com terra compactada e cascalho, com canais de drenagem e pontes feitas de madeira e bambu.

Estes exemplos demonstram o engenho e a habilidade dos ugandeses pré-coloniais na construção de estradas duráveis e eficientes. Apesar da falta de maquinaria e equipamento modernos, os Ugandeses pré-coloniais conseguiram construir estradas que desempenharam um papel crucial na facilitação do comércio, comunicação e intercâmbio cultural entre diferentes regiões e comunidades. Através de uma análise dos registos históricos e das tradições orais, este estudo revela uma compreensão sofisticada da construção e manutenção de estradas, demonstrando o engenho e a desenvoltura das sociedades pré-coloniais do Uganda.

A construção de estradas é frequentemente associada ao desenvolvimento colonial, mas as sociedades pré-coloniais do Uganda tinham uma longa história de construção e manutenção de estradas. Este artigo investiga os métodos e materiais utilizados na construção de estradas pré-coloniais, fornecendo informações sobre as capacidades tecnológicas e organizacionais das comunidades ugandesas antes do colonialismo.

Métodos e materiais:

A construção de estradas pré-coloniais no Uganda utilizava materiais locais, incluindo:

- Terra e solo

- Pedras e cascalho

- Madeira e bambu

- Fibras vegetais e vegetação

Técnicas utilizadas na construção de estradas no Uganda pré-colonial:

No Uganda pré-colonial, a construção de estradas era um aspeto vital do desenvolvimento de infra-estruturas, facilitando o comércio, a comunicação e o intercâmbio cultural entre diferentes regiões e comunidades. Apesar da falta de maquinaria e equipamento modernos, os ugandeses pré-coloniais utilizavam várias técnicas para construir estradas duradouras e eficientes. Estas técnicas, transmitidas de geração em geração, demonstravam o engenho e a capacidade de trabalho das comunidades ugandesas.

Uma técnica utilizada foi o "método corduroy", em que os troncos eram colocados perpendicularmente à direção da estrada, criando uma base estável para a estrada. Este método era particularmente útil em áreas pantanosas ou húmidas, onde os troncos proporcionavam uma base sólida.

Uma outra técnica era a utilização de "calçada de pedra", em que as pedras eram colocadas na superfície da estrada, proporcionando uma superfície estável e duradoura para a deslocação. Este método era utilizado frequentemente em zonas montanhosas, onde as pedras ajudavam a evitar a erosão e os deslizamentos de terras.

Os ugandeses pré-coloniais também utilizavam o "método de terraplanagem", em que o solo era escavado e compactado para criar uma base estável para a estrada. Este método era utilizado em zonas com condições de solo estáveis, onde a terra compactada proporcionava uma base sólida para a estrada.

Além disso, os ugandeses pré-coloniais utilizavam a "cobertura vegetal" para estabilizar a superfície da estrada e evitar a erosão. Isto implicava a plantação de ervas e arbustos ao longo das bermas das estradas, o que ajudava a manter o solo no sítio e a evitar deslizamentos de terras.

A utilização de "canais de drenagem" era também uma técnica comum, em que se abriam valas ao longo das bermas das estradas para facilitar o fluxo de água e evitar a erosão. Este método era particularmente útil em áreas com elevada pluviosidade, onde os canais de drenagem ajudavam a evitar danos na estrada e a manter a estabilidade da mesma.

Finalmente, os ugandeses pré-coloniais empregavam o "trabalho manual" para construir estradas, utilizando ferramentas feitas de madeira, pedra e ferro. Isto implicava escavar, escavar e compactar o solo, bem como colocar pedras e troncos na superfície da estrada.

Os ugandeses pré-coloniais empregavam várias técnicas na construção de estradas, demonstrando o seu engenho e capacidade de trabalho. Estas técnicas, embora simples, eram eficazes na criação de estradas duradouras e eficientes que facilitavam o comércio, a comunicação e o intercâmbio cultural entre diferentes regiões e comunidades.

- Compactação e nivelamento

- Drenagem e gestão da água

- Pavimentação e manutenção

Estudos de caso:

Exemplos de estradas pré-coloniais no Uganda incluem:

- A "Estrada Kintu" no Reino de Buganda

- O "Trilho de Kigezi" no sudoeste do Uganda

- O "Caminho Acholi" no Norte do Uganda

A construção de estradas pré-coloniais no Uganda demonstra a desenvoltura e as competências de engenharia das comunidades locais. Este estudo realça a importância de reconhecer e valorizar os conhecimentos e técnicas indígenas, proporcionando uma compreensão matizada das histórias e contribuições africanas para a construção e desenvolvimento de estradas.

A história do cais de Port Bell

A história do cais de Port Bell, no Lago Vitória, no Uganda, remonta ao início do século XXth , durante a era colonial britânica. O cais recebeu o nome de Henry Hesketh Bell, um comissário britânico que assumiu a administração dos interesses britânicos no Uganda em 1906. Na altura, os britânicos procuravam expandir a sua influência na África Oriental e estabelecer uma rota de transporte segura para bens e pessoas.

A construção do cais de Port Bell foi um desenvolvimento significativo na região, uma vez que proporcionou uma forma segura e eficiente de transportar bens e pessoas através do Lago Vitória. O cais foi concebido para receber grandes embarcações e estava equipado com instalações modernas, incluindo gruas, armazéns e instalações de atracagem.

Durante a era colonial, o cais de Port Bell desempenhou um papel crucial no transporte de mercadorias e pessoas entre o Uganda, o Quénia e a Tanzânia. O cais era um importante centro de exportação de algodão, café e outras culturas de rendimento e servia também de porta de entrada para a importação de bens como maquinaria, veículos e materiais de construção.

Para além da sua importância económica, o cais de Port Bell também desempenhou um papel estratégico no transporte de pessoal e equipamento militar durante a Segunda Guerra Mundial. O cais foi utilizado como ponto de paragem para as forças aliadas e desempenhou um papel fundamental no esforço de guerra na África Oriental.

Após a independência do Uganda em 1962, o cais de Port Bell continuou a desempenhar um papel importante na rede de transportes do país. No entanto, o cais caiu em desuso nas décadas de 1970 e 1980, devido a uma combinação de factores, incluindo negligência, má gestão e instabilidade política.

Nos últimos anos, o governo do Uganda investiu fortemente na reabilitação e expansão do cais de Port Bell. O cais foi modernizado e equipado com novas instalações, incluindo um moderno sistema de manuseamento de carga e um novo terminal de passageiros. Atualmente, o cais de Port Bell é um dos portos mais movimentados do Lago Vitória, movimentando um volume significativo de carga e tráfego de passageiros.

A história do cais de Port Bell, no Lago Vitória, no Uganda, é longa e complexa, estendendo-se por mais de um século. Desde os seus primórdios como centro de transportes da era colonial até ao seu atual estatuto de instalação portuária moderna e eficiente, o cais de Port Bell desempenhou um papel crucial no desenvolvimento económico e estratégico do Uganda e de toda a região.

A história dos primeiros barcos e canoas no Uganda

O Lago Vitória, o maior lago de água doce de África, tem sido a tábua de salvação das regiões que o rodeiam durante séculos. As margens do lago têm sido o lar de várias comunidades, cada uma com a sua cultura e tradições únicas. Um dos aspectos mais fascinantes da história do Lago Vitória é a evolução do transporte por água, particularmente os primeiros barcos e canoas utilizados pelos povos indígenas do Uganda.

Os primórdios:

A história da construção de barcos no Lago Vitória remonta à Idade da Pedra, por volta de 2000 a.C. Os primeiros habitantes da região, incluindo as tribos Bantu e Nilótica, utilizavam canoas escavadas em troncos de árvores ocos para navegar no lago. Estes barcos primitivos eram movidos a remos e eram essenciais para a pesca, o comércio e a guerra.

A cultura da canoa:

A canoa era parte integrante da vida quotidiana dos habitantes do lago. Não era apenas um meio de transporte, mas também um símbolo de estatuto, riqueza e identidade cultural. As canoas eram fabricadas com grande habilidade e precisão, utilizando técnicas transmitidas de geração em geração. O desenho e a construção da canoa variavam entre as tribos, reflectindo o seu património cultural único.

A introdução dos barcos à vela:

thCom a chegada dos comerciantes árabes e dos exploradores europeus no século XIX, os barcos à vela foram introduzidos no Lago Vitória. O Reino Buganda, que dominava a região, adoptou rapidamente esta nova tecnologia, utilizando barcos à vela para expandir o seu comércio e alcance militar. Os barcos à vela eram maiores e mais manobráveis do que as canoas tradicionais, revolucionando o transporte por água no lago.

O legado dos primeiros barcos e canoas:

Os primeiros barcos e canoas no Lago Vitória desempenharam um papel significativo na formação da história e da cultura do Uganda. Facilitaram o comércio, o intercâmbio cultural e a circulação de pessoas, ideias e bens. As competências e os conhecimentos transmitidos ao longo das gerações continuaram a influenciar as tradições de construção de barcos na região

A história dos primeiros barcos e canoas no Lago Vitória é um testemunho do engenho e da desenvoltura dos antigos habitantes da região. O seu legado continua a inspirar e a informar as vidas das comunidades ao longo das margens do lago, servindo como um lembrete da importância da preservação do património cultural e dos conhecimentos tradicionais.

A história dos barcos e canoas no Lago Vitória, no Uganda, remonta a milhares de anos, com provas de antigas culturas e tradições aquáticas que moldaram o património marítimo da região.

Os primeiros registos de construção de barcos no Lago Vitória remontam à Idade da Pedra, cerca de 4000 a.C.. Durante este período, as comunidades indígenas, como os povos bantu e nilótico, construíram canoas simples escavadas em troncos de árvores ocos, utilizando ferramentas de pedra e fogo para moldar e esculpir a madeira. Estas canoas primitivas eram utilizadas para a pesca, o transporte e o comércio, facilitando a troca de bens e ideias através do lago.

À medida que as populações da região cresciam e se tornavam mais complexas, o mesmo acontecia com a conceção e construção de barcos. A introdução de ferramentas e armas de ferro por volta de 1000 a.C. permitiu técnicas de construção de barcos mais sofisticadas, incluindo a utilização de pranchas e velas. [th]O Reino Buganda, que surgiu no século XIV, era conhecido pelos seus hábeis construtores de barcos e marinheiros, que construíam grandes canoas capazes de transportar centenas de passageiros e carga.

[th]A chegada dos exploradores e missionários europeus no século XIX trouxe mudanças significativas à construção de barcos no Lago Vitória. Foram introduzidos novos materiais e tecnologias, como o aço e os motores a vapor, que permitiram a construção de embarcações maiores e mais duradouras. A administração colonial britânica também estabeleceu uma presença naval no lago, com barcos de patrulha e ferries a desempenharem um papel fundamental na manutenção do controlo e na facilitação do transporte.

No entanto, o influxo de influências europeias também levou ao declínio das práticas tradicionais de construção naval e à erosão das culturas marítimas autóctones. Muitas comunidades locais foram obrigadas a adaptar-se a novas tecnologias e modos de vida, o que levou à perda de competências e conhecimentos tradicionais.

Nos últimos anos, foram feitos esforços para reavivar e celebrar o rico património marítimo do Uganda. O governo ugandês e as comunidades locais iniciaram projectos para preservar as técnicas tradicionais de construção de barcos e promover a utilização de materiais e desenhos locais. Além disso, foram criadas iniciativas turísticas para mostrar as culturas e tradições aquáticas únicas da região.

A história dos barcos e canoas no Lago Vitória, no Uganda, é rica e complexa, abrangendo milhares de anos e reflectindo as diversas influências culturais e tecnológicas da região. Desde as antigas canoas escavadas até às modernas embarcações de aço, a evolução da construção de barcos no Lago Vitória tem desempenhado um papel significativo na formação da história, da economia e da identidade da região.

A história do transporte por água no Uganda é longa e complexa, estendendo-se por milhares de anos e desempenhando um papel crucial no desenvolvimento económico, social e político do país.

Os transportes por água têm sido uma componente essencial da rede de transportes do Uganda, facilitando a circulação de bens, pessoas e serviços através dos numerosos lagos, rios e zonas húmidas do país. Desde os tempos antigos até aos dias de hoje, o transporte por água tem desempenhado um papel vital na formação da história, economia e cultura do Uganda.

Era pré-colonial (antes de 1890)

Durante a era pré-colonial, o transporte por água no Uganda era efectuado principalmente através de canoas e barcos tradicionais feitos de troncos de madeira e canas de papiro. Estas embarcações eram utilizadas para a pesca, o transporte e o comércio, facilitando a troca de bens e ideias em toda a região (Burke, 2009). [th]O Reino Buganda, que surgiu no século XIV, era conhecido pelos seus hábeis construtores de barcos e marinheiros, que construíam grandes canoas capazes de transportar centenas de passageiros e carga.

Era Colonial (1890-1962)

[th]A chegada dos colonizadores europeus no final do século XIX trouxe mudanças significativas ao transporte por água no Uganda. A administração colonial britânica estabeleceu uma presença naval no Lago Vitória e introduziu embarcações modernas, incluindo barcos a vapor e ferries. Estas embarcações facilitaram o transporte de bens e pessoas através do lago, ligando o Uganda aos países vizinhos e facilitando a exploração dos recursos naturais da região.

Era Pós-Colonial (1962-presente)

Após a independência do Uganda em 1962, o sector dos transportes marítimos do país conheceu um crescimento e um desenvolvimento significativos. O governo investiu na construção de novos portos e terminais e na criação de uma linha de navegação nacional. No entanto, o sector também enfrentou numerosos desafios, incluindo infra-estruturas inadequadas, manutenção deficiente e corrupção.

Era moderna (anos 2000 até hoje)

Nos últimos anos, o sector dos transportes aquáticos do Uganda sofreu reformas e esforços de modernização significativos. O governo investiu no desenvolvimento de novas infra-estruturas, incluindo a construção de portos e terminais modernos. Além disso, tem havido um aumento do investimento do sector privado no sector, com o estabelecimento de novas linhas de navegação e empresas de logística.

A história do transporte por água no Uganda é longa e complexa, reflectindo o rico património cultural e económico do país. Das canoas tradicionais às embarcações modernas, o transporte por água tem desempenhado um papel vital na formação da história, economia e cultura do Uganda. À medida que o país continua a desenvolver-se e a crescer, é essencial reconhecer a importância dos transportes por água e investir no seu desenvolvimento e modernização contínuos.

Porque é que o transporte marítimo no Uganda continua subdesenvolvido

O transporte marítimo no Uganda tem permanecido subdesenvolvido, apesar do seu potencial para impulsionar o crescimento económico e a conetividade. Várias razões contribuem para este facto:

1. Infra-estruturas limitadas: Os portos e terminais do Uganda carecem de modernização, com instalações, equipamento e capacidade de armazenamento inadequados. Este facto dificulta o manuseamento eficiente da carga e desencoraja o investimento.
2. Manutenção inadequada: A manutenção deficiente das infra-estruturas e dos navios existentes conduziu a ineficiências e a problemas de segurança.
3. Corrupção: A corrupção e a burocracia dificultam o bom funcionamento do transporte marítimo, aumentando os custos e desencorajando o investimento
4. Concorrência de outros modos de transporte: A localização sem litoral do Uganda e a rede rodoviária bem desenvolvida tornaram o transporte rodoviário uma escolha mais popular, desviando o investimento e a carga do transporte marítimo.
5. Acesso limitado ao financiamento: A insuficiência de financiamento e investimento tem impedido o desenvolvimento de infra-estruturas e serviços de transporte marítimo.
6. Falta de mão de obra qualificada: O Uganda enfrenta uma escassez de pessoal qualificado no sector marítimo, incluindo marinheiros, engenheiros e especialistas em logística.
7. Concorrência regional: países vizinhos como o Quénia e a Tanzânia têm sectores de transporte marítimo mais desenvolvidos, atraindo investimentos e carga para longe do Uganda.
8. Negligência histórica: Historicamente, o sector dos transportes marítimos do Uganda tem recebido pouca atenção e investimento, perpetuando o seu subdesenvolvimento.
9. Instabilidade política: A instabilidade política do passado desencorajou o investimento e impediu o desenvolvimento do sector dos transportes marítimos.
10. Diversificação económica limitada: A economia do Uganda continua a depender fortemente da agricultura, o que limita a procura de serviços de transporte marítimo.

A resolução destes desafios através do investimento, da reforma e do reforço das capacidades é essencial para libertar o potencial do transporte marítimo no Uganda e promover o crescimento económico e a conetividade.

O Plano de Desenvolvimento Colonial do Uganda de 1946: Objetivo, execução e pontos fracos

O governo colonial britânico no Uganda introduziu o Plano de Desenvolvimento Colonial, uma estratégia abrangente destinada a promover o crescimento económico, o desenvolvimento de infra-estruturas e o bem-estar social na colónia. Este documento analisa o objetivo, a execução e os pontos fracos do plano, fornecendo uma análise crítica do seu impacto no desenvolvimento do Uganda.

O Plano de Desenvolvimento Colonial de 1946 constituiu uma tentativa significativa de promover o desenvolvimento no Uganda. No entanto, as suas limitações e fraquezas impediram o seu potencial impacto. A compreensão dos pontos fortes e fracos do plano fornece informações valiosas para futuras iniciativas de desenvolvimento no Uganda e noutros países pós-coloniais.

Objetivo:

O Plano de Desenvolvimento Colonial de 1946 foi concebido para:

- Reforçar o crescimento económico através de investimentos na agricultura, nas infra-estruturas e na indústria

- Melhorar os serviços sociais, incluindo os cuidados de saúde, a educação e o abastecimento de água

- Reforçar a capacidade administrativa e a governação

Execução:

O plano foi executado através de vários projectos e iniciativas, incluindo:

- Regimes de desenvolvimento agrícola, como a produção de algodão e de café

- Desenvolvimento de infra-estruturas, incluindo a construção de estradas e pontes

- Criação de empresas industriais, como os têxteis e a transformação do açúcar

- Expansão dos serviços sociais, incluindo instalações de saúde e instituições de ensino

Pontos fracos:

Apesar das suas nobres intenções, o plano tinha vários pontos fracos:

- Ênfase excessiva nas culturas de rendimento, o que leva a negligenciar a segurança alimentar e as necessidades locais

- Atenção insuficiente ao empreendedorismo africano e ao empoderamento económico

- Participação limitada das populações locais nos processos de planeamento e de tomada de decisões

- Financiamento e afetação de recursos inadequados

- Não abordagem das questões estruturais subjacentes, como a pobreza e a desigualdade

Durante a era colonial, os britânicos investiram fortemente no desenvolvimento de infra-estruturas no Uganda, com destaque para a construção de estradas e pontes. Este investimento foi motivado pela necessidade de facilitar a extração de recursos naturais, melhorar o controlo administrativo e promover o crescimento económico.

Os britânicos construíram estradas e pontes utilizando técnicas e materiais modernos, como o asfalto, o betão e o aço. Estes projectos de infra-estruturas foram concebidos para resistir ao tráfego intenso e às condições climatéricas adversas, tendo sido construídos para durar.

Um exemplo notável é a autoestrada Kampala-Mombasa, que ligava o Uganda à cidade portuária queniana de Mombaça. Esta estrada era crucial para o comércio e desempenhou um papel vital no transporte de mercadorias e pessoas.

Os britânicos também construíram numerosas pontes, incluindo a icónica ponte de Owen Falls, que atravessa o rio Nilo. Esta ponte foi um feito de engenharia e simbolizou a proeza tecnológica britânica.

Embora a construção de estradas e pontes tenha facilitado o crescimento económico e o controlo administrativo, também teve impactos negativos nas comunidades locais. As rotas comerciais e os sistemas de transporte tradicionais foram interrompidos e os trabalhadores locais foram frequentemente explorados no processo de construção.

O investimento britânico na construção de estradas e pontes durante o domínio colonial teve um impacto profundo nas infra-estruturas e na economia do Uganda. Embora tenha havido consequências negativas, estes projectos de infra-estruturas continuam a ser um testemunho da proeza da engenharia britânica e continuam a servir o Uganda atualmente.

Infra-estruturas de transporte rodoviário deixadas pelos colonialistas no Uganda aquando da independência

A infraestrutura de transportes rodoviários herdada pelo Uganda aquando da independência do domínio colonial desempenhou um papel significativo na definição do desenvolvimento, crescimento económico e integração social do país após a independência. O legado da infraestrutura rodoviária colonial, criada principalmente para a extração de recursos naturais, o controlo administrativo e a mobilidade dos funcionários coloniais, teve um impacto duradouro no sistema de transportes, na conetividade e no desenvolvimento urbano do Uganda.

Contexto histórico das infra-estruturas rodoviárias coloniais no Uganda

Durante o período colonial, o Uganda, tal como muitos países africanos, assistiu à construção de estradas e redes de transportes pelas potências europeias, nomeadamente a administração colonial britânica. O desenvolvimento da infraestrutura rodoviária no Uganda foi impulsionado pelos interesses coloniais em facilitar o comércio, a extração de recursos, o controlo administrativo e as operações militares. Foram construídas estradas principais para ligar os principais centros económicos, centros administrativos e locais estratégicos, como portos, minas, plantações e centros governamentais, para facilitar a circulação de bens, pessoas e informações na região.

Principais caraterísticas das infra-estruturas rodoviárias coloniais no Uganda

1. Redes rodoviárias estratégicas: As infra-estruturas rodoviárias coloniais no Uganda consistiam em redes rodoviárias estratégicas que ligavam as principais cidades, centros comerciais, postos avançados do governo e regiões agrícolas. Estas estradas facilitavam o transporte de mercadorias, abastecimentos e pessoal entre diferentes partes do país, apoiando as actividades económicas, as funções administrativas e a governação colonial.
2. Desenvolvimento urbano: As infra-estruturas rodoviárias coloniais desempenharam um papel fundamental na definição dos padrões de desenvolvimento urbano no Uganda, particularmente na conceção e disposição das cidades coloniais, como Kampala, Entebbe e Jinja. A construção de estradas principais, avenidas e espaços públicos nos centros urbanos reflectiu os princípios do planeamento urbano colonial e as políticas de segregação que influenciaram a organização espacial e a dinâmica social destas cidades.
3. Legado de engenharia e construção: As infra-estruturas rodoviárias coloniais no Uganda apresentavam técnicas avançadas de engenharia e construção da época, incluindo a utilização de materiais duráveis, concepções inovadoras de pontes e otimização de declives para fazer face aos desafios da topografia e da diversidade do terreno do país. Muitas estradas, pontes e estruturas da era colonial resistiram ao teste do tempo, servindo de monumentos duradouros à perícia da engenharia colonial.

O legado duradouro das infra-estruturas rodoviárias coloniais no Uganda

A infraestrutura de transportes rodoviários deixada pelos colonialistas no Uganda aquando da independência teve um legado duradouro que moldou o sector dos transportes e o desenvolvimento urbano do país de várias formas:

1. Conectividade e acessibilidade: As redes rodoviárias coloniais estabeleceram uma base para melhorar a conetividade e a acessibilidade no Uganda, ligando as zonas

rurais aos centros urbanos, mercados e centros de transporte. O legado das estradas coloniais facilitou a circulação de pessoas, bens e serviços, contribuindo para a integração económica, a coesão social e o desenvolvimento regional.

2. Desenvolvimento económico: A infraestrutura rodoviária colonial proporcionou ligações de transporte essenciais para que os produtos agrícolas, minerais e mercadorias chegassem aos mercados nacionais e internacionais, apoiando o desenvolvimento económico, o comércio e o comércio no Uganda. O legado das estradas coloniais facilitou o crescimento das indústrias, facilitou a mobilidade da mão de obra e promoveu a diversificação económica no período pós-independência.
3. Planeamento e desenvolvimento urbano: A infraestrutura rodoviária colonial influenciou a organização espacial, os padrões de utilização do solo e a conceção urbana das cidades do Uganda, moldando o carácter e a estrutura das áreas urbanas muito depois da independência. O legado das estradas e avenidas coloniais orientou as iniciativas de planeamento urbano subsequentes, os investimentos em infra-estruturas e os projectos de desenvolvimento territorial em cidades como Kampala, Entebbe e Jinja.

Apelo à Ação: Aproveitar o legado das infra-estruturas rodoviárias coloniais

[st]À medida que o Uganda avança no século XXI, há um apelo à ação para que as partes interessadas, os decisores políticos e os planeadores urbanos se baseiem no legado da infraestrutura rodoviária colonial e o aproveitem para enfrentar os desafios e oportunidades contemporâneos no sector dos transportes. As principais recomendações incluem:

1. Preservação e conservação: A preservação e conservação de estradas, pontes e estruturas de importância histórica da era colonial podem ajudar a proteger o património cultural, promover o turismo e celebrar as realizações de engenharia do passado.
2. Modernização e expansão: A modernização das estradas coloniais, a atualização das redes de transportes e a expansão das infra-estruturas para satisfazer as crescentes exigências de mobilidade de uma população em rápida urbanização podem melhorar a conetividade, reduzir o congestionamento e aumentar a eficiência dos transportes no Uganda.
3. Sustentabilidade e Resiliência: A integração de soluções de transporte sustentáveis, a promoção de infra-estruturas ecológicas e o reforço da resiliência aos impactos das alterações climáticas no planeamento e desenvolvimento dos transportes podem aproveitar o legado das infra-estruturas rodoviárias coloniais para criar um sistema de transportes mais sustentável e ecológico para o futuro.

A infraestrutura de transportes rodoviários deixada pelos colonialistas no Uganda aquando da independência teve um impacto duradouro no desenvolvimento, conetividade e paisagem urbana do país. O legado das estradas, pontes e estruturas coloniais continua a moldar o sector dos transportes, o crescimento económico e o planeamento urbano do Uganda nos dias de hoje. Reconhecendo o significado histórico da infraestrutura rodoviária colonial, aprendendo com as suas realizações e deficiências e aproveitando o seu legado através de investimentos estratégicos, práticas sustentáveis e planeamento inclusivo, o Uganda pode criar um sistema de transportes mais resiliente, eficiente e equitativo que satisfaça as necessidades em evolução da sua população e contribua para o desenvolvimento sustentável para as gerações vindouras.

Vias navegáveis: Linhas de vida do comércio e da exploração

As vias navegáveis, incluindo rios, lagos e oceanos, têm sido canais vitais de transporte e comércio durante milénios. Nas primeiras civilizações, as vias navegáveis serviam como principais rotas comerciais, facilitando a circulação de bens, pessoas e ideias através de vastas distâncias. O transporte por via aquática, como canoas, jangadas e embarcações à vela, permitiu às sociedades primitivas explorar novas terras, estabelecer redes de comércio e forjar relações económicas com comunidades distantes.

O papel das vias navegáveis no transporte primitivo estendeu-se para além do comércio, abrangendo o intercâmbio cultural, a exploração e a comunicação. Os rios e os lagos não eram apenas canais de transporte de mercadorias, mas também fontes de vida, inspiração e significado espiritual para muitas civilizações antigas. O transporte por via aquática permitiu a difusão de ideias, línguas e tecnologias, fomentando interações interculturais e moldando o desenvolvimento de diversas sociedades. A exploração de novos territórios e a descoberta de terras desconhecidas ao longo das rotas marítimas abriram caminho ao diálogo intercultural, ao intercâmbio artístico e à colaboração intelectual, enriquecendo a tapeçaria da história humana.

Carroças de tração animal: Motores da Agricultura e do Comércio

As carroças de tração animal, como os carros de bois, as carruagens puxadas por cavalos e os comboios de camelos, desempenharam um papel fundamental nos primeiros transportes, especialmente nas sociedades agrárias e nas comunidades pastoris. Estes veículos com rodas, movidos por animais domesticados, revolucionaram a circulação de bens e pessoas, facilitando a produção agrícola, o comércio e a urbanização. As carroças de tração animal eram ferramentas essenciais para o transporte de colheitas, matérias-primas e produtos acabados para mercados, povoações e centros comerciais, permitindo o crescimento económico e o desenvolvimento social.

A introdução de carroças de tração animal revolucionou a eficiência e a escala dos transportes nas civilizações primitivas, permitindo a deslocação de cargas mais pesadas em distâncias mais longas. As carroças tornaram-se indispensáveis para as actividades agrícolas, como a lavoura dos campos, a colheita e o transporte de produtos, contribuindo para o aumento da produção alimentar e da prosperidade económica. As caravanas comerciais, constituídas por camelos carregados de mercadorias, atravessavam os desertos e as rotas comerciais, ligando regiões distantes e fomentando o comércio, o intercâmbio cultural e a difusão tecnológica.

Os caminhos pedonais, os cursos de água e as carroças de tração animal desempenharam um papel crucial nos primeiros transportes, moldando a circulação de pessoas, bens e ideias nas civilizações antigas. Os caminhos pedonais eram vias de conetividade, tradição e transmissão cultural, ligando comunidades e preservando a memória colectiva. As vias navegáveis eram linhas de vida para o comércio, a exploração e o intercâmbio cultural, promovendo o crescimento económico e o diálogo intercultural. As carroças de tração animal foram motores da agricultura, do comércio e da inovação tecnológica, revolucionando a eficiência e a escala dos transportes nas sociedades primitivas.

O significado histórico e o impacto cultural dos caminhos pedonais, das vias navegáveis e das carroças de tração animal sublinham o engenho, a capacidade de adaptação e os recursos das primeiras civilizações no desenvolvimento de modos de transporte sustentáveis. Estes antigos sistemas de transporte não só facilitavam a circulação física de pessoas e bens, como também moldavam o tecido social, a dinâmica económica e a identidade cultural das sociedades de todo o mundo. Ao explorar o papel dos caminhos pedonais, das vias navegáveis e das carroças de tração animal nos primeiros transportes, ficamos a conhecer melhor a interligação das civilizações humanas, a resiliência das tecnologias antigas e o legado duradouro dos primeiros sistemas de transporte na definição do curso da história.

Impacto do comércio e da migração no desenvolvimento das redes de transportes pré-coloniais no Uganda

O desenvolvimento das redes de transportes pré-coloniais no Uganda foi profundamente influenciado pelos padrões de comércio e migração que moldaram a circulação de pessoas, bens e ideias na região. As rotas comerciais, as rotas de migração e os intercâmbios culturais desempenharam um papel fundamental na ligação das comunidades, na promoção do crescimento económico e na formação da infraestrutura de transportes das antigas sociedades ugandesas.

Rotas comerciais: Catalisadores para a conetividade e a prosperidade

As rotas comerciais eram artérias vitais do comércio que atravessavam as diversas paisagens do Uganda, ligando aldeias, cidades e regiões numa teia de trocas económicas. O comércio de bens como o sal, o ferro, a cerâmica, o gado e os produtos agrícolas alimentou o desenvolvimento de redes comerciais que se estendiam por todo o território do Uganda. Estas rotas comerciais facilitaram a circulação de mercadorias entre diferentes regiões, ligando produtores, comerciantes e consumidores numa complexa rede de interdependência económica.

O impacto do comércio no desenvolvimento das redes de transportes pré-coloniais no Uganda foi profundo. As rotas comerciais serviram de condutas para a circulação de pessoas, bens e tecnologias, impulsionando a expansão das infra-estruturas de transportes, como estradas, caminhos pedonais e vias navegáveis. Os comerciantes e mercadores atravessaram estas rotas, estabelecendo postos comerciais, mercados e povoações ao longo do caminho, contribuindo para o crescimento dos centros urbanos, interações interculturais e difusão tecnológica. O aparecimento de centros comerciais como Buganda, Bunyoro e Busoga catalisou o desenvolvimento de redes de transportes que ligavam estes centros comerciais às regiões circundantes, promovendo a prosperidade económica e o desenvolvimento social.

Rotas de migração: Caminhos de deslocação e intercâmbio cultural

As rotas de migração foram outro fator-chave no desenvolvimento das redes de transportes pré-coloniais no Uganda, uma vez que o movimento de pessoas através da região moldou a paisagem do povoamento humano, a distribuição de recursos e a interação social. As comunidades indígenas do Uganda envolveram-se em migrações sazonais, nomadismo pastoral e deslocação devido a factores ambientais ou dinâmicas sociais, o que levou ao estabelecimento de rotas de migração que ligavam diferentes regiões e comunidades.

O impacto da migração nas redes de transportes no Uganda pré-colonial foi multifacetado. As rotas de migração serviram como vias de deslocação, povoamento e intercâmbio cultural, ligando diversos grupos étnicos, línguas e tradições em toda a região. O movimento das comunidades pastoris, como os Banyankole, Karimojong e Bakiga, levou ao desenvolvimento de trilhos para o gado, caminhos migratórios e rotas ancestrais que facilitaram a deslocação do gado, das famílias e das práticas culturais. Estas rotas migratórias cruzavam-se com rotas comerciais, caminhos pedonais e vias fluviais, criando uma rede dinâmica de corredores de transporte que ligava as comunidades e moldava o tecido social das sociedades pré-coloniais do Uganda.

O impacto do comércio e da migração no desenvolvimento das redes de transportes pré-coloniais no Uganda foi profundo, moldando a circulação de pessoas, bens e ideias na região. As rotas comerciais serviram de catalisadores da conetividade económica e da prosperidade, fomentando o crescimento das infra-estruturas de transportes e dos centros urbanos. As rotas de migração actuaram como vias de movimento, povoamento e intercâmbio cultural, ligando diversas comunidades e moldando a dinâmica social das sociedades ugandesas.

A interligação do comércio e da migração no Uganda pré-colonial realça a natureza dinâmica das redes de transportes e o papel do comércio, do movimento e do intercâmbio cultural na formação do panorama dos transportes da região. Ao explorar o impacto do comércio e da migração nas redes de transportes pré-coloniais no Uganda, obtém-se uma compreensão mais profunda das forças históricas que moldaram o desenvolvimento das infra-estruturas de transportes, dos sistemas económicos e das interações sociais nas antigas sociedades ugandesas.

CAPÍTULO TRÊS

Desenvolvimento de infra-estruturas da era colonial no Uganda: Legado, Impacto e Desafios

A era colonial no Uganda, marcada pela colonização e controlo europeus, provocou mudanças significativas no panorama das infra-estruturas do país. A construção de estradas, caminhos-de-ferro, portos e outros projectos de infra-estruturas fundamentais pelas potências coloniais desempenhou um papel crucial na definição do desenvolvimento económico, social e político do Uganda.

Legado do desenvolvimento de infra-estruturas coloniais

O legado do desenvolvimento de infra-estruturas da era colonial no Uganda é complexo, caracterizado tanto por avanços positivos como por desafios persistentes. Um dos principais legados dos projectos de infra-estruturas coloniais é a criação de uma rede de transportes que ligava as diferentes regiões do Uganda e facilitava a circulação de bens, pessoas e recursos. A construção de estradas, pontes e caminhos-de-ferro pelas potências coloniais, como os britânicos, melhorou significativamente a conetividade no Uganda e permitiu a exploração de recursos naturais, como minerais, madeira e produtos agrícolas.

Os projectos de infra-estruturas coloniais também deixaram uma marca duradoura na paisagem urbana do Uganda, com o desenvolvimento de cidades, centros administrativos e centros comerciais que serviram de nódulos de atividade económica e de governação. A construção de portos no Lago Vitória, de centros urbanos como Kampala e Entebbe e de edifícios administrativos reflectiu a preocupação das autoridades coloniais em centralizar o poder, as infra-estruturas e os recursos em seu próprio benefício. Estes centros urbanos e projectos de infra-estruturas continuam a moldar a atual rede de infra-estruturas e as estratégias de planeamento urbano do Uganda.

Impacto do desenvolvimento das infra-estruturas coloniais

O impacto do desenvolvimento das infra-estruturas da era colonial no Uganda foi profundo, com consequências positivas e negativas para a economia, a sociedade e o ambiente do país. A construção de estradas e caminhos-de-ferro facilitou a circulação de mercadorias para os mercados, permitindo o crescimento económico, o comércio e o investimento em vários sectores da economia. O desenvolvimento da infraestrutura de transportes também melhorou o acesso à educação, aos cuidados de saúde e a outros serviços sociais, conduzindo a melhorias na saúde pública, nas taxas de alfabetização e na qualidade de vida geral dos ugandeses.

No entanto, os projectos de infra-estruturas coloniais no Uganda foram frequentemente planeados e executados sem ter em conta as comunidades locais, as práticas culturais e a sustentabilidade ambiental. A deslocação forçada das populações indígenas, a degradação das terras e a exploração dos recursos em benefício das potências coloniais resultaram em agitação social, degradação ambiental e desigualdades económicas que continuam a ter impacto no Uganda de hoje. O legado do desenvolvimento de infra-estruturas coloniais inclui também a distribuição desigual de recursos, disparidades de infra-estruturas entre as zonas rurais e urbanas e desafios relacionados com a manutenção, o financiamento e a sustentabilidade dos projectos de infra-estruturas da era colonial.

Desafios do desenvolvimento das infra-estruturas coloniais

Os desafios do desenvolvimento de infra-estruturas da era colonial no Uganda são evidentes nas disparidades, ineficiências e inadequações da rede de infra-estruturas do país. O legado das intervenções coloniais, incluindo o enfoque nas indústrias extractivas, a agricultura de monocultura e a centralização do poder, deixou um impacto duradouro no panorama das infra-estruturas do Uganda, contribuindo para problemas como as más condições das estradas, transportes públicos inadequados, acesso limitado a água potável e saneamento e fornecimento de eletricidade pouco fiável.

Além disso, os projectos de infra-estruturas da era colonial negligenciaram muitas vezes as necessidades e prioridades das comunidades locais, levando a desafios sociais, económicos e ambientais que persistem até hoje. A falta de envolvimento da comunidade, de avaliações ambientais e de planeamento a longo prazo no desenvolvimento de infra-estruturas coloniais resultou em problemas como a degradação dos solos, a desflorestação, a poluição da água e a deslocação de populações marginalizadas. Estes desafios realçam a necessidade de abordagens inclusivas, sustentáveis e orientadas para a comunidade no desenvolvimento de infra-estruturas no Uganda que dêem prioridade às necessidades locais, à preservação cultural e à sustentabilidade ambiental.

O legado do desenvolvimento de infra-estruturas da era colonial no Uganda é uma tapeçaria complexa de avanços, desafios e impactos duradouros no panorama das infra-estruturas do país. Embora as intervenções coloniais nos transportes, no planeamento urbano e na exploração de recursos tenham trazido melhorias na conetividade, no crescimento económico e nos serviços sociais, também deixaram um legado de disparidades, ineficiências e degradação ambiental que continuam a afetar a rede de infra-estruturas do Uganda atualmente. Para enfrentar os desafios do desenvolvimento das infra-estruturas coloniais, é necessária uma abordagem holística que dê prioridade à participação da comunidade, à sustentabilidade ambiental e ao acesso equitativo de todos os ugandeses aos serviços de infra-estruturas.

Aprendendo com as lições do passado e adoptando práticas de desenvolvimento de infra-estruturas inclusivas e sustentáveis, o Uganda pode construir uma rede de infra-estruturas mais resistente, inclusiva e próspera que satisfaça as necessidades das gerações presentes e futuras.

Influência das potências coloniais (britânicos, alemães) na construção de estradas e caminhos-de-ferro no Uganda

Durante o período colonial no Uganda, as potências britânica e alemã tiveram uma influência significativa na construção de estradas e caminhos-de-ferro na região. A construção de infra-estruturas de transportes foi um elemento fundamental do controlo e exploração coloniais, permitindo a circulação de bens, pessoas e recursos em benefício das potências coloniais.

Influência britânica na construção de estradas e caminhos-de-ferro

A administração colonial britânica no Uganda desempenhou um papel central na construção de estradas e caminhos-de-ferro durante os finais de 19th e inícios de 20th séculos. O objetivo dos britânicos era criar uma rede de infra-estruturas de transportes que facilitasse a exportação de recursos naturais, como o café, o algodão e os minerais, do Uganda para a costa, para serem enviados para a Europa. A construção do Caminho-de-Ferro do Uganda, também conhecido como Expresso Lunático, foi um grande projeto empreendido pelas autoridades coloniais britânicas para ligar Kampala, a capital do Uganda, à cidade portuária queniana de Mombaça.

O caminho de ferro do Uganda, concluído em 1901, foi um importante feito de engenharia que transformou o panorama dos transportes no Uganda e na região da África Oriental. A linha de caminho de ferro facilitou a circulação de mercadorias, passageiros e tropas militares na região, ligando o interior do Uganda ao porto costeiro de Mombaça e proporcionando uma linha de vida vital para os interesses coloniais britânicos na África Oriental. A construção do caminho de ferro também levou ao desenvolvimento de cidades, povoações e centros económicos ao longo do seu percurso, criando novas oportunidades de comércio e urbanização no Uganda.

Para além do Caminho-de-Ferro do Uganda, a administração colonial britânica no Uganda também construiu uma rede de estradas e auto-estradas para ligar as principais vilas, cidades e regiões do país. Estas estradas facilitaram a deslocação de produtos agrícolas, gado e outros bens para os mercados, bem como o acesso das comunidades locais à educação, aos cuidados de saúde e aos serviços públicos. O impacto da construção de estradas e caminhos-de-ferro britânicos no Uganda foi profundo, moldando o desenvolvimento económico, o crescimento urbano e as infra-estruturas sociais do país para as gerações vindouras.

Influência alemã na construção de estradas e caminhos-de-ferro

Embora os britânicos tenham tido uma presença dominante no Uganda durante o período colonial, os alemães também tiveram uma influência significativa na construção de estradas e caminhos-de-ferro na região. Antes da colonização britânica, o Uganda fazia parte do Protetorado Alemão da África Oriental, que incluía a atual Tanzânia, o Ruanda e o Burundi. A administração colonial alemã na África Oriental levou a cabo vários projectos de construção de estradas e caminhos-de-ferro para facilitar a circulação de tropas, administradores e mercadorias na região.

Um projeto ferroviário notável empreendido pelos alemães na África Oriental foi a construção da Linha Ferroviária Central, que ligava a cidade portuária tanzaniana de Dar es Salaam ao Lago Vitória e se estendia até ao Uganda. A linha de caminho de ferro destinava-se a facilitar a exportação de produtos agrícolas, como o algodão, o café e o sisal, do interior para a costa, para serem enviados para a Europa. A construção da Linha Ferroviária Central pelos alemães teve um impacto significativo no desenvolvimento económico e na urbanização do Uganda, criando novas oportunidades de comércio, transporte e industrialização na região.

Para além da construção de caminhos-de-ferro, os alemães também construíram uma rede de estradas, pontes e linhas telegráficas no Uganda para ligar as principais cidades, centros administrativos e postos militares avançados. Estes projectos de infra-estruturas foram essenciais para a administração e controlo do Protetorado Alemão da África Oriental, permitindo a movimentação de tropas, abastecimentos e informações através de grandes distâncias. O legado da construção de estradas e caminhos-de-ferro alemães no Uganda ainda hoje pode ser visto na rede de transportes, no planeamento urbano e na disposição das infra-estruturas do país.

A influência das potências coloniais britânica e alemã na construção de estradas e caminhos-de-ferro no Uganda foi profunda, moldando as infra-estruturas de transportes, o desenvolvimento económico e o crescimento urbano do país durante o período colonial. A construção do Caminho-de-Ferro do Uganda pelos britânicos e da Linha Ferroviária Central pelos alemães foram projectos fundamentais que transformaram a circulação de mercadorias, pessoas e recursos no Uganda e na região da África Oriental. O legado da construção de estradas e caminhos-de-ferro britânicos e alemães no Uganda ainda hoje pode ser visto na rede de transportes, nos centros urbanos e nos corredores económicos que ligam as diversas regiões do país. Ao explorar a influência das potências coloniais no desenvolvimento de infra-estruturas no Uganda, obtém-se uma compreensão mais profunda das forças históricas que moldaram a paisagem de transportes e o legado de infra-estruturas do país.

Estabelecimento de rotas e redes de transporte fundamentais para facilitar a administração colonial, o comércio e a extração de recursos no Uganda

Durante o período colonial, o estabelecimento de rotas e redes de transporte fundamentais desempenhou um papel crucial na facilitação da administração colonial, do comércio e da extração de recursos no Uganda. As potências coloniais, como os britânicos e os alemães, investiram na construção de estradas, caminhos-de-ferro e vias navegáveis para ligar regiões, facilitar a circulação de bens e pessoas e permitir a exploração de recursos naturais para seu próprio benefício económico.

Administração Colonial e Desenvolvimento de Infra-estruturas

As potências coloniais do Uganda consideravam o desenvolvimento de rotas e redes de transportes essencial para uma administração e um controlo eficazes da região. A construção de estradas, caminhos-de-ferro e linhas telegráficas permitiu aos administradores coloniais comunicar, viajar e manter a autoridade sobre vastos territórios, facilitando a imposição de leis coloniais, impostos e estruturas de governação. A infraestrutura física criada pelas potências coloniais foi concebida para centralizar o poder, os recursos económicos e o controlo administrativo nos principais centros urbanos, como Kampala, Entebbe e Jinja.

As estradas e os caminhos-de-ferro foram fundamentais para ligar os centros administrativos, os postos militares avançados e os postos comerciais do Uganda, permitindo a rápida deslocação de tropas, funcionários e abastecimentos para várias regiões. A construção de importantes vias de transporte, como o Caminho-de-Ferro do Uganda e a Linha Ferroviária Central, permitiu às autoridades coloniais aceder a áreas remotas, estabelecer povoações e exercer influência sobre as populações locais. Estas redes de transportes também serviram de canais para a circulação de produtos agrícolas, minerais e outros recursos do interior para a costa, para exportação para os mercados coloniais.

Comércio e desenvolvimento económico

O estabelecimento de rotas e redes de transporte fundamentais no Uganda esteve intimamente ligado à promoção do comércio e do desenvolvimento económico pelas potências coloniais. As estradas, os caminhos-de-ferro e as vias navegáveis eram vitais para facilitar a circulação de mercadorias, como o café, o algodão, o marfim e os minerais, do interior para a costa, para exportação para os mercados europeus. A construção de portos no Lago Vitória, como Entebbe e Jinja, e o desenvolvimento de vias navegáveis interiores facilitaram o transporte de mercadorias e matérias-primas entre o Uganda e as regiões vizinhas.

A infraestrutura de transportes construída pelas potências coloniais também estimulou o crescimento de centros urbanos, centros de comércio e actividades comerciais ao longo das principais rotas de transporte. Mercados, postos de comércio e povoações agrícolas surgiram ao longo das estradas e caminhos-de-ferro, criando novas oportunidades de comércio, intercâmbio e interação económica entre as diversas comunidades do Uganda. A integração da economia do Uganda nas redes comerciais globais, facilitada pelas rotas de transporte coloniais, permitiu a exploração de recursos naturais, a expansão das culturas de rendimento e a criação de empresas comerciais que beneficiaram as potências coloniais e as elites locais.

Extração e exploração de recursos

Uma das principais motivações por detrás do estabelecimento de rotas e redes de transportes fundamentais no Uganda foi a exploração e extração de recursos naturais pelas potências coloniais. As estradas, os caminhos-de-ferro e as vias navegáveis forneceram as infra-estruturas necessárias para o transporte de minerais, madeira, produtos agrícolas e outros recursos do interior para os portos costeiros, para exportação para os mercados coloniais. A construção de vias de transporte permitiu a extração, transformação e expedição eficientes de recursos como o cobre, o ouro, o café e a borracha, que eram muito procurados na Europa.

As rotas de transporte coloniais facilitaram a deslocação de mão de obra, maquinaria e fornecimentos para as regiões do Uganda ricas em recursos, onde se concentravam as actividades mineiras, madeireiras e de agricultura de plantação. As infra-estruturas de transportes construídas pelas potências coloniais permitiram o estabelecimento de indústrias extractivas, tais como empresas mineiras, concessões de madeira e propriedades agrícolas, que exploravam os recursos naturais do Uganda para obter lucros comerciais. A administração colonial utilizou as redes de transportes para controlar e regular a extração de recursos, assegurando que os lucros revertiam a favor das autoridades coloniais e dos investidores europeus.

Impacto e legado

O estabelecimento de rotas e redes de transportes fundamentais no Uganda durante a era colonial teve um impacto duradouro nas infra-estruturas, na economia e na sociedade do país. A construção de estradas, caminhos-de-ferro e vias navegáveis facilitou a integração do Uganda nas redes comerciais globais, permitindo a exploração de recursos naturais, a promoção do desenvolvimento económico e a consolidação da autoridade colonial. No entanto, o legado das infra-estruturas de transportes coloniais no Uganda é misto, com avanços positivos e consequências negativas para o desenvolvimento do país.

O legado das rotas e redes de transportes coloniais no Uganda inclui a melhoria da conetividade, a promoção do comércio e do comércio e o desenvolvimento de centros urbanos ao longo dos principais corredores de transportes. As infra-estruturas construídas pelas potências coloniais lançaram as bases dos modernos sistemas de transportes no Uganda, permitindo a circulação de bens, pessoas e serviços em todo o país. No entanto, a construção de infra-estruturas de transportes foi muitas vezes realizada à custa das comunidades locais, que enfrentaram deslocações, degradação ambiental e exploração económica em resultado das actividades coloniais de extração de recursos.

O estabelecimento de rotas e redes de transporte fundamentais para facilitar a administração colonial, o comércio e a extração de recursos no Uganda foi uma caraterística marcante da era colonial na região. As potências coloniais, como os britânicos e os alemães, investiram na construção de estradas, caminhos-de-ferro e vias navegáveis para ligar regiões, controlar territórios e explorar recursos naturais para obter ganhos económicos. O impacto da infraestrutura de transportes colonial na economia, na sociedade e no ambiente do Uganda foi profundo, moldando a trajetória de desenvolvimento do país e deixando um legado duradouro que continua a influenciar as redes de transportes, as actividades económicas e a dinâmica social no Uganda de hoje. Ao examinar o estabelecimento de rotas e redes de transporte fundamentais no Uganda durante a era colonial, obtemos uma visão da interligação entre o desenvolvimento de infra-estruturas, o controlo colonial e a exploração de recursos na formação da história e do desenvolvimento da região.

Impacto dos projectos de infra-estruturas coloniais na paisagem socioeconómica do Uganda

Durante o período colonial, o Uganda sofreu alterações significativas no seu panorama de infra-estruturas em resultado da construção de estradas, caminhos-de-ferro, portos e outros projectos de infra-estruturas fundamentais pelas potências coloniais. O impacto destes projectos de infra-estruturas coloniais na paisagem socioeconómica do Uganda foi profundo, moldando a trajetória de desenvolvimento do país, os padrões de urbanização e os sistemas económicos.

Infra-estruturas de transportes e desenvolvimento económico

Um dos principais impactos dos projectos de infra-estruturas coloniais na paisagem socioeconómica do Uganda foi a promoção do desenvolvimento económico através da melhoria das redes de transportes. A construção de estradas, caminhos-de-ferro e vias navegáveis pelas potências coloniais facilitou a circulação de bens, pessoas e recursos pelo país, ligando as zonas rurais aos centros urbanos, mercados e centros comerciais. A criação de infra-estruturas de transportes permitiu a expansão do comércio e das actividades económicas no Uganda, fomentando o crescimento das indústrias, da agricultura e dos sectores de serviços.

As infra-estruturas de transportes construídas pelas potências coloniais ligaram o Uganda aos mercados regionais e globais, permitindo a exportação de produtos agrícolas, minerais e outros recursos para ganhos comerciais. A construção de portos no Lago Vitória, de caminhos-de-ferro para os portos costeiros e de estradas para os países vizinhos facilitou o fluxo de bens e capitais entre o Uganda e os mercados internacionais, estimulando o crescimento económico, a industrialização e a urbanização. A integração do Uganda nas redes de comércio global, facilitada pelos projectos de infra-estruturas coloniais, transformou a economia do país, gerando novas oportunidades de investimento, emprego e criação de riqueza.

Desenvolvimento urbano e mudança social

Os projectos de infra-estruturas coloniais também tiveram um impacto significativo no desenvolvimento urbano e nas mudanças sociais no Uganda durante o período colonial. A construção de estradas, caminhos-de-ferro e centros administrativos pelas potências coloniais transformou a paisagem urbana do Uganda, criando novos centros urbanos, vilas e centros comerciais que serviram de nódulos de atividade económica, governação e interação social. A urbanização, impulsionada pelos projectos de infra-estruturas coloniais, levou à concentração da população, dos serviços e dos recursos nos principais centros urbanos, como Kampala, Entebbe e Jinja.

O desenvolvimento de infra-estruturas urbanas, como escolas, hospitais e edifícios governamentais, nos centros urbanos facilitou a prestação de serviços sociais, educação e cuidados de saúde às comunidades locais. A criação de redes de transportes também permitiu a circulação de pessoas, ideias e práticas culturais entre as zonas rurais e urbanas, promovendo interações interculturais, a integração social e o intercâmbio de conhecimentos e competências. O impacto dos projectos de infra-estruturas coloniais no desenvolvimento urbano e nas mudanças sociais no Uganda lançou as bases do planeamento urbano moderno, dos serviços sociais e da integração cultural no país.

Impactos ambientais e culturais

Embora os projectos de infra-estruturas coloniais no Uganda tenham trazido desenvolvimento económico e urbanização, também tiveram impactos negativos no ambiente e no património cultural do país. A construção de estradas, caminhos-de-ferro e instalações industriais pelas potências coloniais levou à desflorestação, à degradação dos solos e à poluição dos cursos de água, ameaçando os ecossistemas naturais e a biodiversidade do Uganda. A exploração dos recursos naturais, como a madeira, os minerais e as terras agrícolas, para fins comerciais, resultou na degradação do ambiente, na perda de biodiversidade e na perturbação dos ecossistemas, que continuam a afetar o ambiente do Uganda atualmente.

Os projectos de infra-estruturas coloniais também tiveram impactos culturais no Uganda, uma vez que as práticas tradicionais de utilização da terra, as paisagens culturais e os locais de património foram frequentemente perturbados ou destruídos para dar lugar ao desenvolvimento de infra-estruturas coloniais. As comunidades indígenas, como os Baganda, os Banyankole e os Acholi, enfrentaram deslocações, perda de meios de subsistência e erosão das tradições culturais em resultado das actividades coloniais de extração de recursos e dos projectos de infra-estruturas. O impacto da infraestrutura colonial no ambiente e no património cultural do Uganda sublinha a necessidade de práticas de desenvolvimento sustentáveis e inclusivas que equilibrem o crescimento económico com a preservação ambiental e a preservação cultural.

Legado e desafios

O legado dos projectos de infra-estruturas coloniais na paisagem socioeconómica do Uganda é evidente na moderna rede de infra-estruturas, nos sistemas económicos e na dinâmica social do país. As infra-estruturas de transportes construídas pelas potências coloniais lançaram as bases dos modernos sistemas de transportes do Uganda, permitindo a circulação de mercadorias, pessoas e serviços em todo o país. O desenvolvimento económico promovido pelos projectos de infra-estruturas coloniais continua a moldar a economia, as redes comerciais e os sectores industriais do Uganda, contribuindo para o crescimento e o desenvolvimento do país.

No entanto, o impacto dos projectos de infra-estruturas coloniais na paisagem socioeconómica do Uganda também inclui desafios persistentes relacionados com as disparidades em matéria de infra-estruturas, a degradação ambiental e a preservação do património cultural. As desigualdades nas infra-estruturas de transportes entre as zonas rurais e urbanas, as consequências ambientais das actividades coloniais de extração de recursos e a erosão do património cultural devido às intervenções coloniais continuam a ser questões com que o Uganda continua a debater-se atualmente. Os desafios colocados pelo legado dos projectos de infra-estruturas coloniais sublinham a necessidade de práticas de desenvolvimento sustentável e inclusivo que dêem prioridade à sustentabilidade ambiental, à preservação cultural e à equidade social na agenda de desenvolvimento do Uganda.

O impacto dos projectos de infra-estruturas coloniais na paisagem socioeconómica do Uganda foi profundo, moldando a trajetória de desenvolvimento do país, os padrões de urbanização e os sistemas económicos durante o período colonial. A construção de estradas, caminhos-de-ferro, portos e outros projectos de infra-estruturas fundamentais pelas potências coloniais facilitou o desenvolvimento económico, a urbanização e as mudanças sociais no Uganda, transformando a rede de infra-estruturas, as actividades económicas e a dinâmica social do país. Embora o legado dos projectos de infraestruturas coloniais no Uganda inclua avanços no crescimento económico, no desenvolvimento urbano e nas oportunidades comerciais, também engloba desafios duradouros relacionados com disparidades de infraestruturas, degradação ambiental e preservação do património cultural que exigem atenção e soluções sustentáveis. Ao examinar o impacto dos projectos de infra-estruturas coloniais na paisagem socioeconómica do Uganda, obtemos uma visão das forças históricas que moldaram o desenvolvimento do país e a importância contínua de equilibrar o progresso económico com a sustentabilidade ambiental e a preservação cultural na procura de um desenvolvimento inclusivo, sustentável e equitativo para o futuro do Uganda.

CAPÍTULO QUATRO

Esforços de modernização pós-independência no sector dos transportes no Uganda

Desde a sua independência em 1962, o Uganda tem vindo a realizar vários esforços de modernização para melhorar as suas infra-estruturas de transportes e facilitar o desenvolvimento económico. O sector dos transportes desempenha um papel crucial na ligação de pessoas, bens e serviços em todo o país, apoiando o comércio, o turismo e a integração social.

Desenvolvimento de infra-estruturas rodoviárias

Uma das principais áreas de concentração dos esforços de modernização do sector dos transportes no Uganda pós-independência tem sido o desenvolvimento e a melhoria das infra-estruturas rodoviárias. O governo investiu na expansão e modernização da rede rodoviária para melhorar a conetividade entre as zonas urbanas e rurais, apoiar as actividades agrícolas e estimular o crescimento económico. Foram realizados grandes projectos rodoviários, como a construção de auto-estradas, pontes e desvios, para melhorar a qualidade e a eficiência globais da rede rodoviária.

A modernização das infra-estruturas rodoviárias no Uganda teve um impacto significativo na economia e na sociedade do país. A melhoria das estradas facilitou a circulação de mercadorias para os mercados, permitiu o acesso a serviços sociais e melhorou a conetividade entre as diferentes regiões. O desenvolvimento das infra-estruturas rodoviárias também contribuiu para a criação de emprego, para o aumento das oportunidades comerciais e para o reforço da segurança rodoviária, beneficiando tanto as comunidades urbanas como as rurais. No entanto, desafios como a manutenção inadequada, o congestionamento e as questões de segurança rodoviária continuam a colocar obstáculos ao funcionamento eficiente da rede rodoviária.

Revitalização e expansão dos caminhos-de-ferro

Nos últimos anos, o Uganda também se empenhou em revitalizar e expandir a sua rede ferroviária para melhorar a conetividade e aumentar a eficiência do transporte de mercadorias e passageiros. A reabilitação das linhas ferroviárias existentes, como o caminho de ferro do Uganda, tem sido uma prioridade fundamental, com o objetivo de modernizar as infra-estruturas, atualizar a tecnologia e aumentar a capacidade para satisfazer a crescente procura de transportes. Além disso, foram propostos novos projectos ferroviários, como o Standard Gauge Railway (SGR), para melhorar ainda mais a conetividade e a eficiência dos caminhos-de-ferro.

A modernização do sector ferroviário no Uganda tem o potencial de transformar o panorama dos transportes do país e impulsionar o desenvolvimento económico. Os caminhos-de-ferro constituem um modo de transporte rentável e amigo do ambiente, apoiando a circulação de mercadorias a granel, aliviando o congestionamento das estradas e reduzindo os custos de transporte para as empresas. A expansão da rede ferroviária pode também abrir novos corredores comerciais, melhorar a conetividade regional e promover o desenvolvimento sustentável. No entanto, desafios como o financiamento, a aquisição de terrenos e a coordenação com os países vizinhos podem dificultar a implementação bem sucedida de projectos de modernização ferroviária.

Investimento em infra-estruturas de transporte aéreo

Outra área de destaque nos esforços de modernização do sector dos transportes no Uganda tem sido o investimento em infra-estruturas de transporte aéreo. O governo tem feito esforços para melhorar e expandir os aeroportos, como o Aeroporto Internacional de Entebbe, para acomodar o aumento do tráfego de passageiros e apoiar o turismo e as actividades comerciais. O desenvolvimento das infra-estruturas de transportes aéreos é crucial para melhorar a conetividade com os mercados internacionais, atrair investimentos estrangeiros e promover o turismo no Uganda.

A modernização das infra-estruturas de transportes aéreos no Uganda teve um impacto positivo na economia e na conetividade do país. A melhoria dos aeroportos e dos serviços de transporte aéreo melhorou a conetividade do Uganda com o resto do mundo, facilitando a circulação de turistas, investidores e mercadorias. O desenvolvimento das infra-estruturas de transporte aéreo também impulsionou o sector do turismo, apoiando o crescimento económico, a criação de emprego e a geração de receitas para o país. No entanto, desafios como preocupações com a segurança, limitações de capacidade e questões de eficiência operacional podem ter de ser resolvidos para concretizar plenamente os potenciais benefícios da modernização dos transportes aéreos.

Desafios e direcções futuras

Apesar dos progressos alcançados na modernização do sector dos transportes no Uganda, há ainda desafios que têm de ser resolvidos para garantir o desenvolvimento sustentável e o funcionamento eficiente das infra-estruturas e serviços de transportes. O financiamento inadequado, as práticas de manutenção deficientes, os condicionalismos regulamentares e a capacidade técnica limitada continuam a ser os principais obstáculos à concretização de um sistema de transportes moderno, eficiente e sustentável no Uganda. Além disso, questões como o congestionamento rodoviário, a segurança rodoviária, o impacto ambiental e a acessibilidade em áreas remotas devem ser priorizadas nos futuros esforços de modernização.

Para o futuro, é essencial que o Uganda continue a investir nos esforços de modernização do sector dos transportes, concentrando-se no reforço das infra-estruturas, na melhoria da conetividade e na promoção do desenvolvimento sustentável. A colaboração com parceiros internacionais, o envolvimento do sector privado e a adoção de tecnologias inovadoras e de melhores práticas podem ajudar a enfrentar os desafios que o sector dos transportes no Uganda enfrenta e a alcançar os resultados de modernização desejados. Ao dar prioridade a estratégias de modernização sustentáveis, inclusivas e abrangentes, o Uganda pode melhorar ainda mais a sua infraestrutura de transportes, apoiar o crescimento económico e melhorar a qualidade de vida dos seus cidadãos.

Os esforços de modernização pós-independência no sector dos transportes no Uganda têm sido fundamentais para melhorar a conetividade, apoiar o desenvolvimento económico e promover a integração social. Através de investimentos em infra-estruturas rodoviárias, revitalização ferroviária e desenvolvimento de infra-estruturas de transportes aéreos, o Uganda fez progressos significativos na melhoria da sua rede e serviços de transportes. Embora subsistam desafios, tais como restrições de financiamento, questões de manutenção e complexidades regulamentares, o Uganda tem a oportunidade de modernizar ainda mais o seu sector dos transportes através de estratégias sustentáveis, inclusivas e abrangentes. Ao dar prioridade aos esforços de modernização no sector dos transportes, o Uganda pode continuar a desbloquear o seu potencial económico, promover a conetividade regional e melhorar a qualidade de vida dos seus cidadãos nos próximos anos.

Análise dos esforços pós-independência para modernizar e expandir as infra-estruturas de transportes do Uganda

Desde que alcançou a independência em 1962, o Uganda tem feito esforços significativos para modernizar e expandir a sua infraestrutura de transportes para apoiar o desenvolvimento económico, aumentar a conetividade e melhorar a qualidade de vida dos seus cidadãos. A modernização e a expansão da infraestrutura de transportes têm sido prioridades-chave para o governo do Uganda, com o objetivo de enfrentar desafios históricos, aumentar as oportunidades comerciais e estimular o crescimento económico global.

Desenvolvimento de infra-estruturas rodoviárias

Uma das principais áreas de foco nos esforços pós-independência do Uganda para modernizar e expandir a infraestrutura de transportes tem sido o desenvolvimento da infraestrutura rodoviária. O governo investiu na construção, reabilitação e expansão de estradas e auto-estradas para melhorar a conetividade entre os centros urbanos, as zonas rurais e os países vizinhos. Foram realizados grandes projectos rodoviários, como a via rápida Kampala-

Entebbe e o Northern Bypass, para melhorar a qualidade das estradas, reduzir os tempos de viagem e aumentar a segurança rodoviária.

A modernização da infraestrutura rodoviária no Uganda teve um impacto significativo no desenvolvimento económico, na facilitação do comércio e na integração social. A melhoria das estradas facilitou a circulação de bens, pessoas e serviços, apoiando as actividades agrícolas, o comércio e o turismo. O desenvolvimento da infraestrutura rodoviária também estimulou a criação de emprego, promoveu a conetividade regional e melhorou a segurança rodoviária, beneficiando tanto as comunidades urbanas como as rurais. No entanto, desafios como a manutenção inadequada, as restrições de financiamento e o congestionamento das estradas continuam a colocar obstáculos ao funcionamento eficiente da rede rodoviária.

Revitalização e expansão dos caminhos-de-ferro

Nos últimos anos, o Uganda iniciou esforços para revitalizar e expandir a sua rede ferroviária para melhorar a conetividade, apoiar as actividades comerciais e reduzir os custos de transporte. O governo deu prioridade à reabilitação e modernização das linhas ferroviárias existentes, como a Uganda Railway, para melhorar a qualidade das infra-estruturas, a eficiência operacional e a fiabilidade do serviço. Além disso, novos projectos ferroviários, como a proposta de linha Standard Gauge Railway (SGR), visam melhorar ainda mais a conetividade e a capacidade ferroviária.

A modernização do sector ferroviário no Uganda tem o potencial de transformar o panorama dos transportes do país, reduzir o congestionamento rodoviário e apoiar o desenvolvimento económico. Os caminhos-de-ferro constituem um meio de transporte económico e amigo do ambiente, sobretudo para mercadorias a granel e viagens de longa distância. A expansão e a modernização da rede ferroviária podem abrir novos corredores comerciais, melhorar a conetividade regional e promover o desenvolvimento sustentável. No entanto, desafios como o financiamento, a aquisição de terrenos e a coordenação com os países vizinhos podem impedir a implementação bem sucedida de projectos de modernização ferroviária.

Investimento em infra-estruturas de transporte aéreo

Outra área fundamental nos esforços do Uganda para modernizar e expandir as infra-estruturas de transportes tem sido o investimento em infra-estruturas de transportes aéreos. O governo tem trabalhado para melhorar e expandir os aeroportos, como o Aeroporto Internacional de Entebbe, para acomodar o aumento do tráfego de passageiros, melhorar os padrões de segurança e apoiar o turismo e as actividades comerciais. O desenvolvimento das infra-estruturas de transportes aéreos é essencial para melhorar a conetividade com os mercados internacionais, atrair investimentos estrangeiros e promover o turismo no Uganda.

A modernização das infra-estruturas de transportes aéreos no Uganda teve um impacto positivo na economia, na conetividade e no sector do turismo do país. A melhoria dos aeroportos e dos serviços de transporte aéreo facilitou a circulação de passageiros, investidores e turistas, apoiando o crescimento económico, a criação de emprego e a geração de receitas. O desenvolvimento das infra-estruturas de transporte aéreo também melhorou a conetividade do Uganda com o resto do mundo, promovendo o comércio internacional, o intercâmbio cultural e a integração económica. No entanto, desafios como preocupações com a segurança, restrições de capacidade e questões de eficiência operacional podem precisar de ser resolvidos para concretizar plenamente os potenciais benefícios da modernização dos transportes aéreos.

Desafios e direcções futuras

Embora o Uganda tenha feito progressos significativos na modernização e expansão das suas infra-estruturas de transportes na era pós-independência, continuam a existir desafios que têm de ser resolvidos para garantir o desenvolvimento sustentável e o funcionamento eficiente do sector dos transportes. O financiamento inadequado, as práticas de manutenção deficientes, as restrições regulamentares e a capacidade técnica limitada continuam a constituir obstáculos à melhoria das infra-estruturas e dos serviços de transportes no Uganda. Para além disso, questões como o congestionamento rodoviário, a segurança rodoviária, o impacto ambiental e a acessibilidade em áreas remotas requerem atenção e prioridade nos futuros esforços de modernização.

Para o futuro, é essencial que o Uganda continue a investir nos esforços de modernização do sector dos transportes, concentrando-se no aumento da qualidade das infra-estruturas, na melhoria da conetividade e na promoção do desenvolvimento sustentável. A colaboração com parceiros internacionais, o envolvimento do sector privado e a adoção de tecnologias inovadoras e de melhores práticas podem ajudar a enfrentar os desafios que o sector dos transportes no Uganda enfrenta e a alcançar os resultados de modernização desejados. Ao dar prioridade a estratégias de modernização inclusivas, sustentáveis e abrangentes, o Uganda pode melhorar ainda mais a sua infraestrutura de transportes, apoiar o crescimento económico e melhorar a qualidade de vida geral dos seus cidadãos.

Os esforços pós-independência para modernizar e expandir a infraestrutura de transportes do Uganda têm sido fundamentais para melhorar a conetividade nacional, apoiar o desenvolvimento económico e promover a integração social. Através de investimentos em infra-estruturas rodoviárias, revitalização dos caminhos-de-ferro e desenvolvimento de infra-estruturas de transportes aéreos, o Uganda deu passos significativos na melhoria da sua rede e serviços de transportes. Embora subsistam desafios, tais como restrições de financiamento, questões de manutenção e complexidades regulamentares, o Uganda tem a oportunidade de modernizar ainda mais o seu sector dos transportes através de estratégias sustentáveis, inclusivas e abrangentes. Ao dar prioridade aos esforços de modernização no sector dos transportes, o Uganda pode melhorar a sua conetividade, apoiar o crescimento económico e melhorar a qualidade de vida dos seus cidadãos nos próximos anos.

Introdução de novas técnicas, tecnologias e normas de construção de estradas no Uganda

A construção e a manutenção de uma rede rodoviária moderna e eficiente são essenciais para promover o crescimento económico, melhorar a conetividade e melhorar a qualidade de vida geral no Uganda. Nos últimos anos, o país tem dado passos significativos na introdução de novas técnicas, tecnologias e normas de construção de estradas para melhorar a eficiência, a durabilidade e a segurança das suas infra-estruturas de transportes.

Técnicas avançadas de engenharia:

Nos últimos anos, o Uganda tem vindo a adotar técnicas avançadas de engenharia na construção de estradas para melhorar a durabilidade, a sustentabilidade e a relação custo-eficácia dos seus projectos de infra-estruturas. Uma das principais técnicas que foram introduzidas é a utilização de geossintéticos na construção de estradas. Os geossintéticos, como os geotêxteis, as geogrelhas e as geomembranas, são materiais sintéticos utilizados para melhorar a estabilidade, a drenagem e o desempenho das estruturas rodoviárias. Ao incorporar os geossintéticos na construção de estradas, o Uganda consegue aumentar a resistência e a longevidade das estradas, reduzir os custos de manutenção e mitigar os impactos ambientais.

Para além dos geossintéticos, o Uganda também tem vindo a adotar técnicas inovadoras de conceção e construção de pavimentos, como o Método de Conceção de Pavimentos Mecanístico-Empírico, para otimizar o desempenho e a vida útil das estradas. Esta abordagem utiliza modelação e análise informática avançada para prever o comportamento dos pavimentos em diferentes condições, permitindo a conceção de estruturas rodoviárias duráveis, económicas e sustentáveis. Ao implementar técnicas modernas de conceção de pavimentos, o Uganda pode melhorar a segurança rodoviária, reduzir os custos de manutenção e melhorar a qualidade geral da sua rede rodoviária.

Avanços tecnológicos:

A introdução de novas tecnologias de construção de estradas no Uganda revolucionou a forma como os projectos de infra-estruturas são planeados, concebidos e executados. Uma das principais tecnologias que foram integradas nas práticas de construção de estradas é a utilização da Modelação da Informação da Construção (BIM). O BIM é uma ferramenta de modelação digital que permite a visualização, simulação e coordenação de projectos rodoviários num ambiente virtual. Ao utilizar a tecnologia BIM, o Uganda pode melhorar a coordenação do projeto, identificar potenciais conflitos de conceção e otimizar os processos de construção, conduzindo a infra-estruturas rodoviárias mais eficientes, rentáveis e sustentáveis.

Além disso, a adoção de tecnologias de construção inovadoras, como a Compactação Inteligente (CI), a digitalização a laser 3D e os sistemas de monitorização remota, também tem sido fundamental para melhorar a qualidade e a eficiência da construção de estradas no Uganda. Estas tecnologias permitem a monitorização em tempo real das actividades de construção, a medição exacta dos níveis de compactação e o alinhamento preciso das estruturas rodoviárias, melhorando o controlo da qualidade, reduzindo o tempo de construção e assegurando o desempenho a longo prazo das estradas. Ao tirar partido das modernas tecnologias de construção, o Uganda pode aumentar a produtividade, minimizar os erros de construção e fornecer infra-estruturas rodoviárias de alta qualidade que cumprem as normas internacionais.

Adesão às normas internacionais:

Como parte dos seus esforços para modernizar as práticas de construção de estradas, o Uganda tem vindo a alinhar os seus projectos de infra-estruturas com as normas internacionais e as melhores práticas para garantir a qualidade, a segurança e a sustentabilidade. O país adoptou normas estabelecidas por organizações de renome, tais como a Organização Internacional de Normalização (ISO), a Associação Americana de Funcionários Estaduais de Estradas e Transportes (AASHTO) e o Comité Europeu de Normalização (CEN), para orientar as actividades de construção de estradas e garantir a conformidade com os padrões de referência globais.

Ao aderir às normas internacionais na construção de estradas, o Uganda pode melhorar a qualidade, longevidade e segurança da sua rede rodoviária, tornando-a mais resistente às alterações climáticas, às catástrofes naturais e ao tráfego intenso. As normas internacionais também ajudam a promover a interoperabilidade, harmonização e consistência nas práticas de construção de estradas, facilitando o comércio transfronteiriço, a integração regional e a colaboração com parceiros internacionais. Ao adotar as melhores práticas e normas globais, o Uganda pode elevar a qualidade da sua infraestrutura rodoviária, atrair investimentos e promover o desenvolvimento económico do país.

Desafios e oportunidades:

Embora a introdução de novas técnicas, tecnologias e normas de construção de estradas no Uganda apresente numerosos benefícios, há também desafios que precisam de ser abordados para garantir uma implementação e sustentabilidade bem sucedidas. Um dos principais desafios é a falta de capacidade técnica e de conhecimentos especializados na adoção e implementação de práticas modernas de construção de estradas. São necessários programas de formação e capacitação para equipar engenheiros, empreiteiros e gestores de projectos com os conhecimentos e competências necessários para utilizar eficazmente novas técnicas e tecnologias na construção de estradas.

Além disso, as restrições de financiamento, as barreiras regulamentares e as questões de coordenação institucional podem impedir a adoção de práticas avançadas de construção de estradas no Uganda. Um financiamento adequado, processos de licenciamento simplificados e uma coordenação eficaz entre agências governamentais, partes interessadas do sector privado e parceiros de desenvolvimento são cruciais para ultrapassar estes desafios e facilitar a implementação bem sucedida de projectos modernos de construção de estradas. Além disso, a sensibilização do público, o envolvimento das partes interessadas e a participação da comunidade são essenciais para garantir a aceitação social, a sustentabilidade ambiental e a viabilidade a longo prazo dos projectos de infra-estruturas rodoviárias no Uganda.

A introdução de novas técnicas, tecnologias e normas de construção de estradas no Uganda representa um passo significativo no sentido de melhorar a qualidade, a eficiência e a sustentabilidade das infra-estruturas de transportes do país. Ao adotar técnicas de engenharia avançadas, tecnologias inovadoras e normas internacionais, o Uganda pode melhorar a durabilidade, a segurança e o desempenho da sua rede rodoviária, apoiando o crescimento económico, a conetividade regional e o desenvolvimento social. Embora existam desafios na adoção e implementação de práticas modernas de construção de estradas, há muitas oportunidades para aproveitar novas técnicas, tecnologias e normas para construir infra-estruturas rodoviárias resistentes e de alta qualidade que beneficiem a população e a economia do Uganda. Ao continuar a dar prioridade à inovação, qualidade e sustentabilidade nas práticas de construção de estradas, o Uganda pode abrir caminho para um futuro mais brilhante, mais conectado e próspero para os seus cidadãos e comunidades.

Desafios e êxitos na modernização dos serviços de transporte para satisfazer a procura crescente no Uganda

O sector dos transportes no Uganda desempenha um papel crucial no desenvolvimento económico do país, na integração social e na conetividade geral. À medida que o Uganda regista um crescimento populacional, urbanização e aumento das actividades económicas, a procura de serviços de transporte eficientes e fiáveis continua a aumentar. Satisfazer a crescente procura de transportes no Uganda coloca desafios relacionados com o desenvolvimento de infra-estruturas, restrições de financiamento, questões regulamentares e limitações de capacidade. No entanto, também se registaram sucessos na melhoria dos serviços de transportes no Uganda, incluindo a adoção de novas tecnologias, investimentos em infra-estruturas e reformas políticas.

Desafios na modernização dos serviços de transporte:

1. Desenvolvimento de infra-estruturas: Um dos principais desafios para a melhoria dos serviços de transporte no Uganda é a inadequação das infra-estruturas, especialmente nas zonas rurais e remotas. A falta de estradas pavimentadas, pontes e redes de transportes públicos dificulta a conetividade, a acessibilidade e a mobilidade de pessoas e bens. A melhoria e a expansão das infra-estruturas de transportes para chegar às zonas mal servidas continua a ser um desafio crítico para satisfazer a procura crescente de transportes no Uganda.
2. Restrições de financiamento: Os recursos financeiros limitados e as prioridades concorrentes colocam desafios ao financiamento de projectos de transportes no Uganda. O financiamento insuficiente para a manutenção, reabilitação e expansão de estradas, caminhos-de-ferro e aeroportos impede o progresso na melhoria dos serviços de transportes para satisfazer a procura crescente. A garantia de mecanismos de financiamento sustentáveis, a atração de investimentos privados e a otimização da afetação de recursos são fundamentais para resolver os problemas de financiamento no sector dos transportes.

3. Questões regulamentares: Quadros regulamentares complexos, procedimentos burocráticos e fragmentação institucional criam desafios na coordenação e implementação de projectos de transportes no Uganda. A supervisão regulamentar inadequada, a aplicação e o controlo da conformidade contribuem para ineficiências, atrasos e litígios legais no sector dos transportes. A racionalização dos processos regulamentares, o aumento da transparência e o reforço da capacidade institucional

são essenciais para ultrapassar os desafios regulamentares na melhoria dos serviços de transportes.

4. Limitações de capacidade: Os conhecimentos técnicos limitados, a mão de obra qualificada e a capacidade institucional no sector dos transportes colocam desafios no planeamento, conceção e implementação de projectos de transportes no Uganda. Recursos humanos inadequados, programas de formação e transferência de conhecimentos dificultam a execução bem sucedida de actualizações de infra-estruturas e melhorias de serviços. O reforço da capacidade técnica, o investimento na formação e no desenvolvimento de competências e o fomento de parcerias com instituições de ensino são estratégias fundamentais para resolver as limitações de capacidade no sector dos transportes.

Êxitos na modernização dos serviços de transporte:

1. Investimentos em infra-estruturas: Apesar dos desafios, o Uganda fez investimentos significativos na modernização das infra-estruturas de transportes, incluindo a construção de estradas, a reabilitação de caminhos-de-ferro e projectos de expansão de aeroportos. A construção de novas auto-estradas, pontes e aeroportos melhorou a conetividade, reduziu os tempos de viagem e aumentou a mobilidade de pessoas e bens. Os investimentos em infra-estruturas também estimularam o crescimento económico, promoveram o turismo e atraíram o investimento estrangeiro para o Uganda.
2. Adoção de tecnologias: A adoção de novas tecnologias no sector dos transportes resultou em melhorias na prestação de serviços, na eficiência operacional e nas normas de segurança no Uganda. A utilização de plataformas digitais, sistemas de localização por GPS e aplicações móveis melhorou a informação dos passageiros, o planeamento de rotas e a gestão da frota nos serviços de transportes públicos. Os sistemas de transporte inteligentes, a emissão automática de bilhetes e as ferramentas de monitorização em tempo real melhoraram a fiabilidade e a qualidade dos serviços de transporte no Uganda.
3. Reformas políticas: As reformas políticas e as alterações regulamentares desempenharam um papel significativo na melhoria dos serviços de transportes no Uganda. A introdução de quadros regulamentares, normas e códigos de conduta promoveu a transparência, a responsabilidade e a boa governação no sector dos transportes. As intervenções políticas, como as parcerias público-privadas, os acordos de concessão e os contratos baseados no desempenho, facilitaram a participação do sector privado, a inovação e o investimento em infra-estruturas e serviços de transportes.

4. Envolvimento das partes interessadas: A colaboração e a parceria entre as agências governamentais, os intervenientes do sector privado, os parceiros de desenvolvimento e as comunidades têm sido fundamentais para a melhoria dos serviços de transportes no Uganda. O envolvimento das partes interessadas no planeamento do projeto, na tomada de decisões e nos processos de implementação assegurou a inclusão, a aceitação social e a sustentabilidade das iniciativas de transportes. A consulta das comunidades locais, os mecanismos de feedback e as abordagens participativas promoveram a apropriação, a confiança e a cooperação nos projectos de desenvolvimento dos transportes.

Direcções futuras e recomendações:

Para enfrentar os desafios e aproveitar os sucessos na modernização dos serviços de transporte para satisfazer a procura crescente no Uganda, podem ser consideradas várias recomendações:

1. Reforçar o desenvolvimento das infra-estruturas: Dar prioridade aos investimentos em projectos de reabilitação de estradas, modernização de caminhos-de-ferro e expansão de aeroportos para melhorar a acessibilidade, a segurança e a sustentabilidade das infra-estruturas de transportes.
2. Melhorar os mecanismos de financiamento: Desenvolver modelos de financiamento inovadores, parcerias público-privadas e fluxos de receitas sustentáveis para garantir o financiamento adequado dos projectos de transportes no Uganda.
3. Reforma dos quadros regulamentares: Simplificar os procedimentos regulamentares, reforçar a capacidade institucional e melhorar os mecanismos de aplicação para melhorar a governação e a eficiência no sector dos transportes.
4. Criação de capacidade técnica: Investir em programas de formação, desenvolvimento de competências e transferência de conhecimentos para profissionais dos transportes, engenheiros e decisores políticos para melhorar a capacidade técnica do sector.
5. Promover a inovação e a adoção de tecnologias: Incentivar a adoção de tecnologias digitais, sistemas de transporte inteligentes e inovação na prestação de serviços para aumentar a eficiência, a fiabilidade e a sustentabilidade dos serviços de transporte no Uganda.
6. Promover o envolvimento das partes interessadas: Continuar a envolver as comunidades, as partes interessadas e os parceiros no planeamento dos transportes, na tomada de decisões e nos processos de implementação para garantir a inclusão, a transparência e a aceitação social dos projectos de transportes.

Os desafios e sucessos na melhoria dos serviços de transportes para satisfazer a procura crescente no Uganda reflectem a natureza complexa e dinâmica do sector dos transportes do país. Embora o desenvolvimento de infra-estruturas, as restrições de financiamento, as questões regulamentares e as limitações de capacidade apresentem desafios, os investimentos em infra-estruturas, a adoção de tecnologias, as reformas políticas e o envolvimento das partes interessadas produziram resultados positivos na melhoria dos serviços de transportes. Ao enfrentar os desafios, tirar partido dos sucessos e adotar recomendações para futuras direcções, o Uganda pode continuar a melhorar os seus serviços de transportes, aumentar a conetividade, promover o desenvolvimento económico e melhorar a qualidade de vida dos seus cidadãos. Com uma abordagem estratégica e colaborativa, o Uganda pode construir um sistema de transportes moderno, eficiente e sustentável que satisfaça as exigências em evolução da população e da economia em crescimento do país.

CAPÍTULO CINCO

Política e regulamentação do sector dos transportes no Uganda

O sector dos transportes desempenha um papel crucial na promoção do desenvolvimento económico, da integração social e da conetividade regional no Uganda. Políticas e regulamentos eficazes são essenciais para orientar o planeamento, o funcionamento e a gestão das infra-estruturas e dos serviços de transportes no país.

Quadros políticos no sector dos transportes

O Uganda adoptou vários quadros políticos para orientar o desenvolvimento e a gestão das infra-estruturas e dos serviços de transportes no país. A Política Nacional de Transportes fornece uma orientação estratégica para o sector dos transportes, centrando-se na melhoria da segurança rodoviária, no reforço da conetividade e na promoção de soluções de transporte sustentáveis. A política sublinha a importância de integrar o planeamento dos transportes com o uso do solo, promover os transportes públicos e dar prioridade à manutenção das estradas para garantir a eficiência e a segurança da rede de transportes.

Além disso, o Plano Diretor Nacional dos Transportes delineia uma visão a longo prazo para o desenvolvimento do sector dos transportes, alinhando os projectos de infra-estruturas de transportes com os objectivos de desenvolvimento nacional, os objectivos de integração regional e os princípios de sustentabilidade ambiental. O plano diretor identifica projectos prioritários, mecanismos de financiamento e indicadores de desempenho para orientar a implementação de iniciativas estratégicas de transportes no Uganda. Estes quadros políticos fornecem um roteiro abrangente para melhorar as infra-estruturas de transportes, reforçar a qualidade dos serviços e promover o crescimento económico no país.

Mecanismos de regulação no sector dos transportes

Os mecanismos de regulação desempenham um papel crucial na garantia do cumprimento das normas, na promoção da segurança e na manutenção da eficiência no sector dos transportes no Uganda. O Ministério das Obras Públicas e dos Transportes supervisiona a regulamentação do sector dos transportes, incluindo o licenciamento, a inspeção e a aplicação das leis e regulamentos dos transportes. A Autoridade Nacional das Estradas do Uganda (UNRA) é responsável pela gestão e manutenção das redes rodoviárias nacionais, enquanto a Autoridade da Aviação Civil (CAA) supervisiona a regulamentação e as normas de segurança da aviação.

Para além das agências governamentais, os organismos reguladores, tais como o Fundo Rodoviário do Uganda (URF) e o Conselho de Licenciamento dos Transportes (TLB), desempenham um papel fundamental na supervisão da administração do licenciamento dos transportes, na cobrança de receitas e na aplicação dos regulamentos dos transportes. Estes mecanismos regulamentares visam garantir o cumprimento das normas do sector, promover a concorrência leal e proteger os interesses dos utentes das estradas, dos operadores e do público em geral. Ao implementar quadros regulamentares sólidos, o Uganda procura aumentar a segurança dos transportes, otimizar a prestação de serviços e promover o desenvolvimento sustentável no sector dos transportes.

Desafios na implementação de políticas e na regulamentação

Apesar da existência de quadros políticos e de mecanismos de regulação, o sector dos transportes no Uganda enfrenta vários desafios que impedem a implementação e a regulação eficazes das políticas. O financiamento inadequado para o desenvolvimento de infra-estruturas, a manutenção e a aplicação da regulamentação coloca desafios para responder à procura crescente de serviços de transporte no país. A capacidade técnica limitada, a falta de competências e a fragmentação institucional também impedem o planeamento, a gestão e a coordenação eficazes dos projectos e iniciativas no domínio dos transportes.

Além disso, a corrupção, as ineficiências e a falta de transparência nos processos regulamentares e nos procedimentos de licenciamento minam a integridade e a credibilidade do sector dos transportes no Uganda. As incoerências regulamentares, a sobreposição de mandatos e os atrasos burocráticos complicam ainda mais o ambiente regulamentar, conduzindo a ineficiências, problemas de conformidade e desafios na prestação de serviços. A resolução destes desafios exige esforços coordenados, iniciativas de reforço das capacidades e reformas políticas para reforçar o quadro regulamentar e aumentar a eficácia da governação do sector dos transportes no Uganda.

Oportunidades de reforma política e de melhoria da regulamentação

Apesar dos desafios, existem oportunidades de reforma política e de melhoria regulamentar no sector dos transportes no Uganda. Uma maior colaboração entre as agências governamentais, as partes interessadas do sector privado e os parceiros de desenvolvimento pode melhorar a coordenação, racionalizar os processos regulamentares e promover a transparência no sector dos transportes. Investir no reforço das capacidades técnicas, no desenvolvimento de competências e na transferência de conhecimentos pode ajudar a resolver os problemas de recursos humanos e a melhorar a competência e o profissionalismo dos profissionais do sector dos transportes no Uganda.

Além disso, a adoção de soluções baseadas na tecnologia, como plataformas digitais, sistemas de transporte inteligentes e análise de dados, pode reforçar a supervisão regulamentar, melhorar o controlo da conformidade e melhorar a prestação de serviços no sector dos transportes. O aproveitamento de parcerias público-privadas, modelos de financiamento inovadores e estratégias de investimento sustentáveis podem abrir novas oportunidades para o desenvolvimento de infra-estruturas, modernização e expansão da capacidade no sector dos transportes. Ao abraçar a reforma política e a melhoria regulamentar, o Uganda pode criar um ambiente propício para serviços de transporte eficientes, seguros e sustentáveis que apoiem o crescimento económico, o desenvolvimento social e a sustentabilidade ambiental no país.

O panorama político e regulamentar do sector dos transportes no Uganda desempenha um papel fundamental na definição do desenvolvimento, gestão e funcionamento das infra-estruturas e serviços de transportes no país. Os quadros políticos, os mecanismos regulamentares e as medidas de execução são essenciais para orientar a direção estratégica, garantir o cumprimento das normas e promover a eficiência e a segurança da rede de transportes. Embora persistam desafios na implementação das políticas e na regulamentação, existem oportunidades para a reforma das políticas, a melhoria da regulamentação e o reforço das capacidades, a fim de responder à evolução das exigências e complexidades do sector dos transportes no Uganda.

Ao reforçar os quadros regulamentares, aumentar a colaboração, investir em tecnologia e promover a transparência, o Uganda pode criar um ambiente propício ao desenvolvimento sustentável dos transportes, à integração regional e à prosperidade económica. A implementação eficaz de políticas e regulamentos no sector dos transportes pode abrir novas oportunidades para actualizações de infra-estruturas, melhorias de serviços e aplicação de regulamentos, conduzindo a um sistema de transportes moderno, eficiente e resistente que satisfaça as necessidades da população e da economia em crescimento do país. Através do planeamento estratégico, do envolvimento das partes interessadas e da monitorização e avaliação contínuas, o Uganda pode alcançar a sua visão de um sector de transportes seguro, sustentável e inclusivo que permita o progresso social e económico de todos os seus cidadãos.

Evolução das políticas, regulamentos e estruturas de governação dos transportes no Uganda

A evolução das políticas, regulamentos e estruturas de governação dos transportes no Uganda tem sido influenciada por factores históricos, sociais, económicos e ambientais, moldando o desenvolvimento e a gestão do sector dos transportes do país. Ao longo dos anos, o Uganda tem sofrido alterações significativas na sua abordagem ao planeamento, regulamentação e governação dos transportes, impulsionadas pela necessidade de enfrentar desafios, promover a eficiência e melhorar a sustentabilidade do sistema de transportes.

Contexto histórico:

O desenvolvimento de políticas de transportes, regulamentos e estruturas de governação no Uganda remonta à era colonial, quando o país estava sob o domínio britânico. Durante este período, a tónica foi colocada na construção de infra-estruturas rodoviárias, redes ferroviárias e vias navegáveis para facilitar o comércio, a administração colonial e a exploração de recursos. O sistema de transportes foi concebido principalmente para servir os interesses da administração colonial e facilitar a extração de recursos naturais, como os minerais, a madeira e os produtos agrícolas.

Após a independência em 1962, o Uganda começou a formular as suas próprias políticas e regulamentos de transportes para satisfazer as necessidades de uma população em crescimento, de uma economia em expansão e de uma dinâmica social em mudança. O governo criou instituições, como o Ministério das Obras Públicas e dos Transportes, a Autoridade Nacional das Estradas do Uganda (UNRA) e a Autoridade da Aviação Civil (CAA), para supervisionar e regulamentar o sector dos transportes e garantir a circulação segura e eficiente de pessoas, bens e serviços em todo o país.

Evolução das políticas de transportes:

Ao longo dos anos, o Uganda desenvolveu uma série de políticas de transportes para orientar o planeamento, desenvolvimento e gestão das infra-estruturas e serviços de transportes no país. A Política Nacional de Transportes, adoptada em 2005, delineia a direção estratégica para o sector dos transportes, salientando a importância da segurança rodoviária, da sustentabilidade ambiental e da conetividade multimodal. A política promove a integração do planeamento dos transportes com o uso do solo, a promoção dos transportes públicos e a atribuição de prioridade à manutenção das estradas para garantir a eficiência e a segurança da rede de transportes.

Para além da Política Nacional de Transportes, o Uganda também introduziu políticas sectoriais para modos de transporte específicos, tais como a Política Nacional de Aviação Civil, a Política Nacional de Caminhos-de-Ferro e a Política Nacional de Transportes Marítimos. Estas políticas proporcionam um quadro abrangente para regular e coordenar as actividades de transportes no Uganda, abordar os desafios específicos do sector e promover o desenvolvimento sustentável no sector dos transportes.

Evolução da regulamentação dos transportes:

Paralelamente ao desenvolvimento de políticas de transportes, o Uganda implementou uma série de regulamentos para reger a operação, segurança e qualidade dos serviços de transportes no país. A Lei de Tráfego e Segurança Rodoviária, a Lei de Licenciamento de Transportes e os Regulamentos de Transportes Terrestres são alguns dos principais instrumentos regulamentares que regem as operações de transporte rodoviário, o licenciamento de veículos e a gestão do tráfego no Uganda. Estes regulamentos estabelecem normas para a segurança rodoviária, manutenção de veículos, licenciamento de condutores e operações de transportes públicos para garantir o cumprimento dos requisitos legais e promover a segurança dos utentes da estrada.

No sector da aviação, os Regulamentos da Aviação Civil e os Regulamentos da Navegação Aérea estabelecem normas e procedimentos para operações de aeronaves, licenciamento de aeroportos, gestão do tráfego aéreo e supervisão da segurança. Os regulamentos foram concebidos para se alinharem com as normas da aviação internacional estabelecidas pela Organização da Aviação Civil Internacional (ICAO) e garantir a segurança e a eficiência dos serviços de transporte aéreo no Uganda.

Evolução das estruturas de governação:

A evolução das estruturas de governação dos transportes no Uganda reflecte a mudança do panorama institucional, dos papéis e das responsabilidades na gestão do sector dos transportes. O Ministério das Obras Públicas e Transportes desempenha um papel central na formulação de políticas de transportes e na supervisão da implementação de projectos e iniciativas de transportes. A Autoridade Nacional das Estradas do Uganda (UNRA) é responsável pela gestão e manutenção das redes rodoviárias nacionais, enquanto a Autoridade da Aviação Civil (CAA) supervisiona a regulamentação da aviação e as normas de segurança.

Para além das agências governamentais, os organismos reguladores, tais como o Fundo Rodoviário do Uganda (URF), o Conselho de Licenciamento dos Transportes (TLB) e a Direção de Regulamentação dos Transportes, fornecem funções de supervisão, licenciamento e execução no sector dos transportes. Estas estruturas de governação têm como objetivo garantir a conformidade regulamentar, promover a segurança e melhorar a eficiência e eficácia da prestação de serviços de transportes no Uganda.

Desafios e oportunidades:

Apesar dos progressos na evolução das políticas de transportes, da regulamentação e das estruturas de governação no Uganda, subsistem vários desafios que têm de ser resolvidos para garantir a sustentabilidade e a eficácia do sector dos transportes. O financiamento inadequado para o desenvolvimento de infra-estruturas, as restrições de manutenção, as limitações de capacidade e as ineficiências regulamentares constituem desafios para satisfazer a procura crescente de serviços de transportes no país. O reforço da capacidade técnica, a melhoria da aplicação da regulamentação e o aumento da coordenação entre as agências governamentais, as partes interessadas do sector privado e os parceiros de desenvolvimento são essenciais para ultrapassar estes desafios.

No entanto, existem também oportunidades para melhorar a governação e a regulamentação dos transportes no Uganda. A adoção de soluções baseadas na tecnologia, a promoção de parcerias público-privadas, a promoção do envolvimento das partes interessadas e o investimento em projectos de infra-estruturas sustentáveis podem abrir novas oportunidades para modernizar o sector dos transportes, melhorar a qualidade do serviço e promover o crescimento económico. Ao aproveitar estas oportunidades e enfrentar os desafios, o Uganda pode construir um sistema de transportes robusto, resiliente e inclusivo que satisfaça as necessidades dos seus cidadãos, apoie o desenvolvimento económico e melhore a conetividade regional.

A evolução das políticas, regulamentos e estruturas de governação dos transportes no Uganda reflecte um processo dinâmico e evolutivo que tem moldado o desenvolvimento e a gestão do sector dos transportes do país ao longo dos anos. Desde a era colonial até às reformas pós-independência, o Uganda deu passos significativos na formulação de políticas, na implementação de regulamentos e no estabelecimento de estruturas de governação para promover serviços de transportes seguros, eficientes e sustentáveis. Embora os desafios persistam, as oportunidades de reforma, inovação e colaboração oferecem caminhos para melhorar a governação dos transportes, reforçar a conformidade regulamentar e promover o desenvolvimento sustentável no sector dos transportes do Uganda. Ao continuar a reforçar os quadros políticos, a aplicar os regulamentos e a melhorar as estruturas de governação, o Uganda pode criar um sistema de transportes que apoie o crescimento económico, a inclusão social e a sustentabilidade ambiental em benefício dos seus cidadãos e da região.

Papel das agências governamentais, do sector privado e dos parceiros de desenvolvimento na gestão dos serviços de transportes no Uganda

A gestão dos serviços de transportes no Uganda requer um esforço de colaboração que envolva as agências governamentais, o sector privado e os parceiros de desenvolvimento para garantir o funcionamento eficiente, seguro e sustentável da infraestrutura de transportes do país. Cada parte interessada desempenha um papel crucial no planeamento, financiamento, regulamentação e prestação de serviços de transportes que satisfaçam as necessidades da população, apoiem o desenvolvimento económico e melhorem a conetividade.

Agências governamentais

As agências governamentais no Uganda desempenham um papel central na gestão dos serviços de transportes, formulando políticas, regulamentos e planos estratégicos para orientar o desenvolvimento e o funcionamento das infra-estruturas de transportes. O Ministério das Obras Públicas e dos Transportes é responsável por definir a visão global e a direção estratégica para o sector dos transportes, coordenar o planeamento dos transportes e supervisionar a implementação de projectos e iniciativas de transportes. O ministério desempenha um papel fundamental na formulação de políticas, regulamentos e normas de transportes para promover a segurança rodoviária, melhorar a conetividade e garantir a eficiência dos serviços de transportes no país.

Outras agências governamentais, como a Autoridade Nacional das Estradas do Uganda (UNRA), a Autoridade da Aviação Civil (CAA) e a Corporação Ferroviária do Uganda (URC), são responsáveis pela gestão, manutenção e regulamentação de modos e infra-estruturas de transporte específicos. A UNRA supervisiona a gestão e a manutenção das redes rodoviárias nacionais, enquanto a CAA regula as operações da aviação civil, o licenciamento dos aeroportos e as normas de segurança. A URC tem a seu cargo o desenvolvimento e a exploração das infra-estruturas e serviços ferroviários no Uganda. Estas agências governamentais trabalham em conjunto para garantir a segurança, a fiabilidade e a sustentabilidade dos serviços de transporte no país.

Setor privado

O sector privado desempenha um papel significativo na gestão dos serviços de transportes no Uganda, fornecendo investimento, inovação e experiência operacional na prestação de infra-estruturas e serviços de transportes. As empresas privadas, os operadores e os prestadores de serviços estão envolvidos em vários aspectos dos transportes, incluindo a construção de estradas, operações de transportes públicos, serviços de logística e desenvolvimento de infra-estruturas. O sector privado contribui para a expansão, modernização e melhoria dos serviços de transportes através de investimentos em tecnologia, equipamento e eficiência operacional.

As parcerias público-privadas (PPP) surgiram como um mecanismo fundamental para alavancar a experiência e os recursos do sector privado em projectos e iniciativas de transportes no Uganda. As PPP permitem que as agências governamentais colaborem com empresas privadas para financiar, desenvolver e operar infra-estruturas de transportes, tais como estradas, pontes, aeroportos e sistemas de transportes públicos. Ao estabelecer parcerias com o sector privado, o Uganda pode mobilizar fundos adicionais, acelerar a execução de projectos e melhorar a qualidade e a eficiência dos serviços de transportes em benefício da população.

Parceiros de desenvolvimento

Os parceiros de desenvolvimento, incluindo organizações internacionais, doadores bilaterais e agências multilaterais, desempenham um papel crucial no apoio à gestão dos serviços de transportes no Uganda através de financiamento, assistência técnica e iniciativas de reforço de capacidades. Os parceiros de desenvolvimento fornecem apoio financeiro para projectos de transportes, conhecimentos técnicos para o desenvolvimento de infra-estruturas e aconselhamento político para reformas regulamentares no sector dos transportes. Organizações como o Banco Mundial, o Banco Africano de Desenvolvimento e o Programa das Nações Unidas para o Desenvolvimento (PNUD) apoiam os esforços do Uganda para melhorar as infra-estruturas de transportes, aumentar a segurança rodoviária e promover soluções de transportes sustentáveis.

Os parceiros de desenvolvimento também desempenham um papel fundamental na promoção da integração regional, da conetividade transfronteiriça e da harmonização das políticas e regulamentos de transportes no Uganda. Através de iniciativas regionais e da colaboração com os países vizinhos, os parceiros de desenvolvimento ajudam a facilitar o comércio, a melhorar a conetividade e a promover o crescimento económico na região. Ao estabelecer parcerias com os parceiros de desenvolvimento, o Uganda pode tirar partido da experiência internacional, das melhores práticas e das oportunidades de financiamento para promover o desenvolvimento e a gestão dos serviços de transportes no país.

Desafios e oportunidades

Embora as agências governamentais, o sector privado e os parceiros de desenvolvimento desempenhem papéis críticos na gestão dos serviços de transportes no Uganda, há desafios e oportunidades que precisam de ser abordados para promover a eficácia e a sustentabilidade do sector dos transportes. Desafios como as restrições de financiamento, as complexidades regulamentares, as limitações de capacidade e as questões de coordenação colocam obstáculos ao funcionamento e desenvolvimento eficientes das infra-estruturas e serviços de transportes. O reforço da capacidade técnica, a melhoria da aplicação da regulamentação e a promoção da colaboração entre as partes interessadas são essenciais para superar estes desafios.

Ao mesmo tempo, existem oportunidades para reforçar o papel das agências governamentais, do sector privado e dos parceiros de desenvolvimento na gestão dos serviços de transportes no Uganda. Aproveitar as soluções tecnológicas, promover parcerias público-privadas, fomentar a inovação e investir em projectos de infra-estruturas sustentáveis pode abrir novas oportunidades para modernizar o sector dos transportes, melhorar a qualidade do serviço e promover o crescimento económico. Ao capitalizar estas oportunidades e enfrentar os desafios através de esforços coordenados, o Uganda pode construir um sistema de transportes que satisfaça as necessidades dos seus cidadãos, apoie o desenvolvimento económico e melhore a conetividade regional.

Os papéis das agências governamentais, do sector privado e dos parceiros de desenvolvimento são essenciais na gestão dos serviços de transportes no Uganda, contribuindo cada um deles com conhecimentos, recursos e perspectivas únicas para o desenvolvimento e funcionamento das infra-estruturas de transportes do país. Ao colaborar e trabalhar em conjunto para atingir objectivos comuns, estes intervenientes podem promover a eficiência, a segurança e a sustentabilidade dos serviços de transportes, apoiando o crescimento económico, o desenvolvimento social e a integração regional no Uganda. Através do planeamento estratégico, da coordenação e do envolvimento contínuo, as agências governamentais, o sector privado e os parceiros de desenvolvimento podem construir um sistema de transportes moderno, eficiente e inclusivo que satisfaça as necessidades da população e promova o desenvolvimento sustentável no país.

O impacto das decisões políticas na eficiência, segurança e sustentabilidade do sector dos transportes do Uganda

As decisões políticas desempenham um papel fundamental na definição da eficiência, segurança e sustentabilidade do sector dos transportes do Uganda. Ao estabelecerem a direção estratégica, definirem os quadros regulamentares e atribuírem recursos, os decisores políticos influenciam o desenvolvimento e o funcionamento das infra-estruturas e serviços de transportes no país.

Eficiência do sector dos transportes

A eficiência no sector dos transportes é crucial para facilitar a circulação de pessoas, bens e serviços, apoiar o crescimento económico e melhorar a conetividade no Uganda e fora dele. As decisões políticas que dão prioridade ao desenvolvimento de infra-estruturas, ao investimento em tecnologia e às reformas regulamentares podem melhorar a eficiência dos serviços de transportes no país. Por exemplo, a Política Nacional de Transportes sublinha a importância de integrar o planeamento dos transportes no uso do solo, promover os transportes públicos e dar prioridade à manutenção das estradas para aumentar a eficiência e a fiabilidade da rede de transportes.

Uma das principais decisões políticas que tiveram impacto na eficiência do sector dos transportes do Uganda foi a aposta no desenvolvimento de infra-estruturas, em particular a expansão e reabilitação de redes rodoviárias, pontes e aeroportos. Os investimentos na construção de estradas, a melhoria dos caminhos-de-ferro e a modernização dos aeroportos melhoraram a conetividade, reduziram os tempos de viagem e melhoraram o acesso às zonas remotas do Uganda. Estes investimentos em infra-estruturas apoiaram o desenvolvimento económico, promoveram o comércio e fomentaram a integração regional, proporcionando ligações de transporte eficientes dentro do país e com os países vizinhos.

Segurança do sector dos transportes

Garantir a segurança dos serviços de transporte é uma preocupação primordial para os decisores políticos no Uganda, uma vez que os acidentes rodoviários, os incidentes aéreos e os incidentes ferroviários representam riscos significativos para a saúde e segurança públicas. As decisões políticas que abordam os regulamentos de segurança rodoviária, reforçam a formação dos condutores e melhoram os padrões dos veículos podem contribuir para reduzir os acidentes, os ferimentos e as mortes no sector dos transportes. A Lei de Tráfego e Segurança Rodoviária, a Lei de Licenciamento de Transportes e os Regulamentos de Transportes Terrestres são exemplos de instrumentos regulamentares que regem a segurança rodoviária, a manutenção de veículos e as operações de transportes públicos no Uganda.

Além disso, os investimentos em infra-estruturas de segurança rodoviária, como a sinalização rodoviária, as medidas de gestão da velocidade e as passagens para peões, podem aumentar a segurança de todos os utentes da estrada. A adoção de sistemas de transporte inteligentes, tecnologias de aplicação automatizadas e campanhas de sensibilização do público podem promover ainda mais uma cultura de segurança e um comportamento responsável nas estradas. Ao dar prioridade à segurança rodoviária nas decisões políticas e nos quadros regulamentares, o Uganda pode reduzir o número de acidentes, ferimentos e mortes nas suas estradas, tornando os serviços de transporte mais seguros e mais fiáveis para todos os utilizadores.

Sustentabilidade do sector dos transportes

A sustentabilidade é uma consideração essencial na gestão do sector dos transportes do Uganda, uma vez que o impacto ambiental, o consumo de recursos e a equidade social dos serviços de transportes têm de ser cuidadosamente geridos para garantir a viabilidade a longo prazo. As decisões políticas que promovem soluções de transporte sustentáveis, como os transportes públicos, os transportes não motorizados e as opções de energia limpa, podem ajudar a reduzir as emissões de gases com efeito de estufa, a poluição do ar e o congestionamento nas áreas urbanas. A Política Nacional de Transportes enfatiza a necessidade de soluções de transporte sustentáveis, como o planeamento integrado dos transportes, serviços de transporte descentralizados e infra-estruturas amigas do ambiente.

Para além de promover modos de transporte sustentáveis, os decisores políticos podem também adotar políticas que apoiem a resiliência das infra-estruturas, a preparação para catástrofes e a adaptação às alterações climáticas no sector dos transportes. Ao incorporar considerações de resiliência climática no planeamento, conceção e práticas de manutenção dos transportes, o Uganda pode construir um sistema de transportes capaz de resistir a desastres naturais, fenómenos meteorológicos extremos e condições climáticas variáveis. As decisões de política de transportes sustentáveis não só beneficiam o ambiente como também contribuem para a inclusão social, a competitividade económica e os resultados do desenvolvimento a longo prazo no Uganda.

Desafios e oportunidades

Embora as decisões políticas tenham um impacto significativo na eficiência, segurança e sustentabilidade do sector dos transportes do Uganda, há desafios e oportunidades que precisam de ser considerados para melhorar ainda mais o desempenho e a resiliência do sistema de transportes. Desafios como financiamento inadequado, inconsistências regulamentares, limitações de capacidade e questões de coordenação podem impedir a implementação efectiva de políticas e iniciativas de transportes. O reforço da capacidade técnica, a melhoria da aplicação da regulamentação e a promoção da colaboração entre as partes interessadas são essenciais para ultrapassar estes desafios.

Por outro lado, existem oportunidades para aumentar a eficiência, a segurança e a sustentabilidade do sector dos transportes do Uganda através da inovação, da colaboração e do investimento em soluções de transporte sustentáveis. O aproveitamento das tecnologias digitais, a promoção de parcerias público-privadas, a promoção do envolvimento das partes interessadas e o investimento em projectos de infra-estruturas ecológicas podem abrir novas oportunidades para modernizar o sector dos transportes, melhorar a qualidade do serviço e promover o crescimento económico. Ao abraçar estas oportunidades e enfrentar os desafios através de esforços coordenados, o Uganda pode construir um sistema de transportes que satisfaça as necessidades dos seus cidadãos, apoie o desenvolvimento económico e melhore a conetividade regional.

O impacto das decisões políticas na eficiência, segurança e sustentabilidade do sector dos transportes do Uganda é profundo, moldando o desenvolvimento e o funcionamento das infra-estruturas e serviços de transportes do país. Através de planeamento estratégico, reformas regulamentares e investimento em soluções sustentáveis, os decisores políticos podem melhorar a eficiência dos serviços de transportes, aumentar a segurança para todos os utentes da estrada e promover a sustentabilidade a longo prazo do sector dos transportes. Ao enfrentar os desafios, aproveitar as oportunidades e promover a colaboração entre as agências governamentais, o sector privado e os parceiros de desenvolvimento, o Uganda pode construir um sistema de transportes moderno, seguro e sustentável que apoie o crescimento económico, o desenvolvimento social e a gestão ambiental em benefício dos seus cidadãos e da região.

CAPÍTULO SEIS

Planeamento e desenvolvimento dos transportes urbanos no Uganda

O planeamento e desenvolvimento dos transportes urbanos desempenham um papel crucial na formação da habitabilidade, acessibilidade e sustentabilidade das cidades no Uganda. À medida que as taxas de urbanização continuam a aumentar e o crescimento da população acelera, a procura de serviços de transportes urbanos eficientes, seguros e sustentáveis torna-se cada vez mais urgente. O planeamento e o desenvolvimento eficazes dos transportes urbanos são essenciais para resolver o congestionamento, melhorar a mobilidade, reduzir o impacto ambiental e melhorar a qualidade de vida dos residentes urbanos.

Desafios no planeamento e desenvolvimento dos transportes urbanos

O planeamento e o desenvolvimento dos transportes urbanos no Uganda enfrentam uma série de desafios que colocam obstáculos à circulação eficiente e sustentável de pessoas e bens nas cidades. Alguns dos principais desafios incluem:

1. Infra-estruturas inadequadas: Muitas zonas urbanas do Uganda não dispõem de infra-estruturas de transportes suficientes, tais como estradas, pontes e sistemas de transportes públicos, para satisfazer a procura crescente de mobilidade. As infra-estruturas inadequadas provocam congestionamentos, atrasos e ineficiências na rede de transportes urbanos, afectando a qualidade de vida dos residentes urbanos e prejudicando a produtividade económica
2. Congestionamento e gestão do tráfego: O congestionamento urbano é um desafio significativo no Uganda, especialmente em grandes cidades como Kampala. O congestionamento do tráfego não só provoca atrasos e perda de tempo, como também contribui para a poluição do ar, a degradação ambiental e o aumento do consumo de combustível. São necessárias estratégias eficazes de gestão do tráfego, tais como sistemas de transporte inteligentes, tarifação rodoviária e melhorias nos transportes públicos, para resolver o congestionamento e melhorar a eficiência dos serviços de transportes urbanos.
3. Falta de planeamento integrado dos transportes: Processos de planeamento fragmentados e coordenação limitada entre agências governamentais, partes interessadas do sector privado e comunidades locais resultam frequentemente em planos e projectos de transportes desarticulados. O planeamento integrado dos transportes, que considera o uso do solo, os modos de transporte e as infra-estruturas de uma forma holística, é essencial para criar um sistema de transportes urbanos sustentável e eficiente no Uganda.

4. Infra-estruturas de transportes públicos deficientes: A falta de serviços de transportes públicos fiáveis, seguros e acessíveis é um desafio significativo nas zonas urbanas do Uganda. Muitas cidades sofrem de uma rede de transportes públicos inadequada, de operações informais de miniautocarros e de uma má qualidade de serviço, o que dificulta o acesso dos residentes urbanos ao emprego, à educação e aos cuidados de saúde. A melhoria das infra-estruturas de transportes públicos, o aumento dos níveis de serviço e a promoção de modos de transporte sustentáveis são fundamentais para enfrentar os desafios da mobilidade urbana.

Oportunidades para o planeamento e desenvolvimento dos transportes urbanos

Apesar dos desafios, existem oportunidades para melhorar o planeamento e o desenvolvimento dos transportes urbanos no Uganda através de intervenções estratégicas, reformas políticas e investimentos em soluções sustentáveis. Algumas das principais oportunidades incluem:

1. Iniciativas de transporte sustentável: A promoção de modos de transporte sustentáveis, como as deslocações a pé, de bicicleta e os transportes públicos, pode ajudar a reduzir o congestionamento, a poluição atmosférica e as emissões de gases com efeito de estufa nas zonas urbanas. O investimento em infra-estruturas pedonais, pistas para ciclistas e sistemas de trânsito rápido de autocarros pode incentivar a mudança modal para opções de transporte mais sustentáveis e melhorar a eficiência global dos serviços de transportes urbanos.
2. Integração do planeamento da utilização dos solos e dos transportes: A integração do planeamento da utilização dos solos e dos transportes é essencial para criar empreendimentos compactos e de utilização mista que reduzam a necessidade de deslocações de automóvel, promovam a mobilidade ativa e melhorem a conetividade nas zonas urbanas. As regulamentações de zonamento, o desenvolvimento orientado para os transportes e a conceção orientada para o trânsito podem ajudar a criar bairros vibrantes e transitáveis que apoiem sistemas de transportes urbanos sustentáveis.
3. Tecnologia e inovação: A utilização de soluções baseadas na tecnologia, como sistemas de transporte inteligentes, monitorização do tráfego em tempo real e plataformas de mobilidade digital, pode melhorar a eficiência e a fiabilidade dos serviços de transportes urbanos no Uganda. A inovação na cobrança de tarifas, na otimização de rotas e nos sistemas de informação aos passageiros pode melhorar a qualidade dos serviços de transportes públicos e tornar a mobilidade urbana mais simples e conveniente para os residentes.

4. Parcerias Público-Privadas: O envolvimento do sector privado no planeamento e desenvolvimento dos transportes urbanos através de parcerias público-privadas pode trazer conhecimentos especializados, investimento e inovação para melhorar a prestação de serviços e a qualidade das infra-estruturas. A colaboração com operadores privados, empresas de tecnologia e fornecedores de transportes pode ajudar a colmatar as lacunas do sistema de transportes urbanos e prestar serviços de transporte mais sustentáveis e centrados no cliente.

Estratégias para o planeamento e desenvolvimento dos transportes urbanos

Para melhorar o planeamento e o desenvolvimento dos transportes urbanos no Uganda, é essencial uma estratégia abrangente que integre a utilização do solo, os modos de transporte, as infra-estruturas e os quadros políticos. Algumas estratégias-chave para melhorar o planeamento e o desenvolvimento dos transportes urbanos incluem:

1. Desenvolver planos de transportes sustentáveis: Formular planos abrangentes de transportes urbanos que dêem prioridade aos modos de transporte sustentáveis, integrem o planeamento do uso do solo e dos transportes e respondam às necessidades de todos os residentes urbanos. Os planos de transportes sustentáveis devem promover os transportes públicos, as deslocações a pé, de bicicleta e outras opções de transporte com baixo teor de carbono, reduzindo simultaneamente a dependência dos veículos privados e dos combustíveis fósseis.
2. Melhorar os serviços de transportes públicos: Melhorar a qualidade, a cobertura e a acessibilidade económica dos serviços de transportes públicos através de investimentos na melhoria das infra-estruturas, na modernização da frota e na melhoria dos serviços. A introdução de sistemas de trânsito rápido de autocarros, a formalização de operadores de transportes informais e a disponibilização de opções de transportes públicos acessíveis podem ajudar a satisfazer as necessidades de mobilidade urbana de uma população em crescimento.
3. Abraçar a tecnologia e a inovação: Utilizar soluções tecnológicas, tais como sistemas de transporte inteligentes, aplicações móveis e análise de dados, para otimizar o fluxo de tráfego, melhorar a experiência dos passageiros e melhorar a eficiência operacional dos serviços de transportes urbanos. A adoção da inovação e da digitalização pode modernizar o sistema de transportes urbanos e torná-lo mais sensível às necessidades dos residentes urbanos.

4. Promover a colaboração e o envolvimento das partes interessadas: Promover a coordenação entre agências governamentais, partes interessadas do sector privado, organizações da sociedade civil e comunidades locais no planeamento e desenvolvimento dos transportes urbanos. O envolvimento das partes interessadas nos processos de tomada de decisão, a procura de contributos de diversas perspectivas e a promoção da colaboração podem criar consenso, construir confiança e garantir o sucesso das iniciativas de transportes urbanos.

O planeamento e o desenvolvimento dos transportes urbanos no Uganda apresentam desafios e oportunidades para a criação de sistemas de transportes urbanos sustentáveis, eficientes e inclusivos que satisfaçam as necessidades de uma população urbana em crescimento. Ao resolver as deficiências das infra-estruturas, promover modos de transporte sustentáveis, abraçar a inovação e fomentar a colaboração entre as partes interessadas, o Uganda pode melhorar a eficiência, a segurança e a sustentabilidade dos serviços de transportes urbanos nas suas cidades. As intervenções estratégicas, as reformas políticas e os investimentos em soluções sustentáveis são essenciais para criar ambientes urbanos vibrantes, acessíveis e resistentes que apoiem o crescimento económico, o bem-estar social e a gestão ambiental no Uganda.

Análise dos desafios e soluções em matéria de transportes urbanos nas principais cidades do Uganda, como Kampala e Entebbe

Os transportes urbanos são uma componente crítica do desenvolvimento socioeconómico e da qualidade de vida nas grandes cidades, como Kampala e Entebbe, no Uganda. Sistemas de transportes urbanos eficientes, seguros e sustentáveis são essenciais para facilitar a mobilidade, apoiar as actividades económicas e melhorar a qualidade de vida dos residentes urbanos. No entanto, os transportes urbanos nas principais cidades do Uganda enfrentam numerosos desafios, incluindo congestionamento, infra-estruturas inadequadas, serviços de transportes públicos deficientes e poluição atmosférica.

Desafios nos transportes urbanos em Kampala e Entebbe

1. Congestionamento do tráfego: Um dos principais desafios do transporte urbano em cidades como Kampala e Entebbe é o congestionamento do tráfego. O rápido aumento do número de veículos, associado a uma capacidade rodoviária limitada e a uma gestão ineficaz do tráfego, conduz a estradas congestionadas, a tempos de deslocação longos e a uma diminuição da produtividade.

2. Transportes públicos inadequados: O sistema de transportes públicos nas principais cidades do Uganda, como Kampala, é caracterizado por operações informais de miniautocarros, cobertura limitada, serviços pouco fiáveis e má qualidade dos veículos. Esta falta de opções de transporte público de qualidade resulta numa elevada dependência do automóvel, num aumento do congestionamento e em dificuldades de acessibilidade para os residentes urbanos.
3. Infra-estruturas deficientes: A infraestrutura rodoviária inadequada em cidades como Kampala e Entebbe contribui para o congestionamento do tráfego, acidentes rodoviários e ineficiências nos transportes. Muitas estradas estão em mau estado, carecem de manutenção adequada e não oferecem instalações seguras e acessíveis para peões e ciclistas.
4. Poluição atmosférica: Os elevados níveis de poluição atmosférica resultantes das emissões dos veículos, das actividades industriais e da eliminação de resíduos sólidos representam riscos significativos para a saúde e o ambiente dos residentes urbanos nas principais cidades do Uganda. A má qualidade do ar pode levar a doenças respiratórias, problemas cardiovasculares e degradação ambiental.

Soluções para os desafios dos transportes urbanos

1. Melhorar o sistema de transportes públicos: Melhorar a qualidade, a cobertura e a acessibilidade económica dos serviços de transportes públicos é crucial para reduzir a dependência do automóvel, diminuir o congestionamento e melhorar a mobilidade em cidades como Kampala e Entebbe. A implementação de sistemas de trânsito rápido de autocarros, a formalização de operadores de transportes informais e a introdução de infra-estruturas modernas de transportes públicos podem ajudar a fornecer opções de transporte sustentáveis e eficientes aos residentes urbanos.
2. Promover Modos de Transporte Sustentáveis: Incentivar modos de transporte sustentáveis, como andar a pé, de bicicleta e não motorizados, pode ajudar a reduzir o congestionamento do tráfego, a poluição do ar e as emissões de gases com efeito de estufa nas principais cidades do Uganda. O investimento em infra-estruturas pedonais, pistas para ciclistas e caminhos seguros pode melhorar a mobilidade ativa e promover opções de transporte mais saudáveis e amigas do ambiente.
3. Melhorar as infra-estruturas rodoviárias: O investimento na modernização, manutenção e expansão das infra-estruturas rodoviárias é essencial para resolver o congestionamento, melhorar a segurança rodoviária e reforçar a conetividade em zonas urbanas como Kampala e Entebbe. A construção de novas estradas, pontes e intercâmbios, bem como a melhoria dos sistemas de gestão do tráfego e da sinalização

rodoviária, podem ajudar a aliviar o congestionamento do tráfego e aumentar a eficiência dos serviços de transportes urbanos.

4. Abraçar a tecnologia e a inovação: A utilização de soluções tecnológicas, tais como sistemas de transporte inteligentes, monitorização do tráfego em tempo real e plataformas de mobilidade digital, pode otimizar o fluxo de tráfego, melhorar a experiência dos passageiros e aumentar a eficiência operacional dos serviços de transporte urbano. A implementação de sistemas de estacionamento inteligentes, a sincronização de sinais de trânsito e as soluções de pagamento digital podem tornar os transportes urbanos mais cómodos, eficientes e fáceis de utilizar pelos residentes e visitantes.
5. Promover um Planeamento Urbano Sustentável: A integração do planeamento do uso do solo e dos transportes, a promoção de desenvolvimentos compactos e de uso misto, e a criação de ambientes urbanos amigos dos peões são essenciais para promover transportes urbanos sustentáveis nas principais cidades do Uganda. As regulamentações de zoneamento, o desenvolvimento orientado para o trânsito e o design orientado para os peões podem ajudar a criar bairros vibrantes e transitáveis que reduzam a necessidade de viajar de carro e promovam a mobilidade ativa.

Para enfrentar os desafios dos transportes urbanos em grandes cidades como Kampala e Entebbe, no Uganda, é necessária uma abordagem multifacetada que integre investimentos em infra-estruturas, reformas políticas, melhorias nos transportes públicos e iniciativas de sustentabilidade. Ao implementar soluções como a melhoria dos serviços de transportes públicos, a promoção de modos de transporte sustentáveis, a modernização da infraestrutura rodoviária, a adoção de tecnologia e inovação e a promoção de um planeamento urbano sustentável, o Uganda pode melhorar a eficiência, a segurança e a sustentabilidade dos transportes urbanos nas suas principais cidades. Os esforços de colaboração entre as agências governamentais, as partes interessadas do sector privado, os parceiros de desenvolvimento e as comunidades locais são essenciais para a realização de um sistema de transportes urbanos moderno, eficiente e inclusivo que satisfaça as diversas necessidades de mobilidade dos residentes urbanos e apoie o desenvolvimento urbano sustentável no Uganda.

A implementação de sistemas de transportes públicos, redes rodoviárias e projectos de infra-estruturas para responder às necessidades de mobilidade urbana no Uganda

A resposta às necessidades de mobilidade urbana é crucial para melhorar a qualidade de vida, a produtividade económica e a sustentabilidade das cidades no Uganda. À medida que as taxas de urbanização aumentam e as populações crescem, a procura de sistemas de transporte eficientes, seguros e sustentáveis torna-se mais premente. Os sistemas de transportes públicos, as redes rodoviárias e os projectos de infra-estruturas desempenham um papel fundamental na satisfação das necessidades de mobilidade dos residentes urbanos, reduzindo o congestionamento, melhorando a acessibilidade e promovendo o desenvolvimento económico.

Sistemas de transportes públicos

A implementação de sistemas de transportes públicos eficientes é essencial para proporcionar opções de transporte acessíveis, fiáveis e económicas aos residentes urbanos no Uganda. A melhoria dos serviços de transportes públicos pode ajudar a reduzir a dependência do automóvel, aliviar o congestionamento e aumentar a mobilidade nas cidades. Iniciativas como os sistemas de trânsito rápido de autocarros, a formalização dos operadores de transportes informais e a melhoria da qualidade dos veículos de transporte público foram implementadas para melhorar a rede de transportes públicos em grandes cidades como Kampala e Entebbe.

Em Kampala, a introdução do Projeto de Desenvolvimento Institucional e de Infra-estruturas de Kampala (KIIDP) incluiu iniciativas para melhorar o sistema de transportes públicos, melhorar as infra-estruturas rodoviárias e promover instalações para peões. O projeto levou à reabilitação e expansão das principais estradas, à construção de estações e terminais de autocarros e à introdução de faixas designadas para autocarros, táxis e transportes não motorizados. Estas melhorias ajudaram a racionalizar a rede de transportes públicos, a reduzir os tempos de deslocação e a melhorar a eficiência global dos serviços de transportes na cidade.

Redes rodoviárias

O desenvolvimento e a manutenção de uma rede rodoviária funcional e com boas ligações é essencial para facilitar a circulação de pessoas e bens nas cidades do Uganda. O investimento em infra-estruturas rodoviárias, pontes, intercâmbios e sistemas de gestão de tráfego pode ajudar a reduzir o congestionamento, aumentar a segurança rodoviária e melhorar a acessibilidade para os residentes urbanos. O Programa de Desenvolvimento do Setor Rodoviário (RSDP) e o Projeto de Reabilitação e Melhoria das Estradas da Cidade Capital de Kampala são exemplos de iniciativas de desenvolvimento da rede rodoviária que foram implementadas para responder às necessidades de mobilidade urbana no Uganda.

O RSDP tinha como objetivo melhorar a rede rodoviária nacional, aumentar a conetividade entre os centros urbanos e promover a segurança rodoviária através de investimentos na construção, manutenção e reabilitação de estradas. O projeto incluiu a modernização de corredores rodoviários importantes, a construção de novas pontes e a implementação de medidas de segurança rodoviária para aumentar a eficiência e a segurança da rede rodoviária. Do mesmo modo, o Projeto de Reabilitação e Melhoria das Estradas da Cidade Capital de Kampala centrou-se na reabilitação das principais estradas de Kampala, na melhoria dos cruzamentos e na melhoria das instalações pedonais para aumentar a mobilidade urbana na cidade.

Projectos de infra-estruturas

Os projectos de infra-estruturas, como a modernização de estradas urbanas, vias pedonais, pistas para ciclistas e terminais de transportes públicos, desempenham um papel fundamental na resposta às necessidades de mobilidade urbana no Uganda. O investimento em projectos de infra-estruturas pode ajudar a criar um sistema de transportes urbanos mais sustentável, eficiente e inclusivo que satisfaça as diversas necessidades de mobilidade dos residentes urbanos. Iniciativas como o Projeto de Desenvolvimento Institucional e de Infra-estruturas de Kampala, o Projeto da Via Rápida de Entebbe e o Projeto de Desenvolvimento de Infra-estruturas do Corredor Central foram implementadas para melhorar as infra-estruturas de transportes urbanos no Uganda.

O projeto da via rápida de Entebbe tinha por objetivo melhorar a conetividade entre o Aeroporto Internacional de Entebbe e Kampala, aumentar a eficiência dos serviços de transporte e reduzir os tempos de viagem dos passageiros. O projeto envolveu a construção de uma nova via rápida, intercâmbios e instalações pedonais para proporcionar uma ligação de transportes segura e eficiente entre Entebbe e Kampala. Do mesmo modo, o projeto de desenvolvimento das infra-estruturas do corredor central centrou-se na modernização dos principais corredores de transporte, na melhoria das infra-estruturas rodoviárias e na promoção de soluções de transporte sustentáveis para melhorar a mobilidade urbana na região central do Uganda.

Desafios e oportunidades

Embora tenham sido feitos progressos significativos na implementação de sistemas de transportes públicos, redes rodoviárias e projectos de infra-estruturas para responder às necessidades de mobilidade urbana no Uganda, ainda há desafios que têm de ser ultrapassados para criar um sistema de transportes urbanos mais eficiente, seguro e sustentável. Desafios como o financiamento inadequado, as limitações de capacidade, as complexidades regulamentares e as questões de coordenação colocam obstáculos à implementação eficaz de projectos e iniciativas de transportes. O reforço da capacidade técnica, a melhoria da aplicação da regulamentação e a promoção da colaboração entre as partes interessadas são essenciais para ultrapassar estes desafios.

Por outro lado, existem oportunidades para melhorar a mobilidade urbana no Uganda através da inovação, colaboração e investimento em soluções de transporte sustentáveis. O aproveitamento das soluções tecnológicas, a promoção de parcerias público-privadas, a promoção do envolvimento das partes interessadas e o investimento em projectos de infra-estruturas ecológicas podem abrir novas oportunidades para modernizar o sistema de transportes urbanos, melhorar a qualidade do serviço e promover o crescimento económico. Ao capitalizar estas oportunidades e enfrentar os desafios através de esforços coordenados, o Uganda pode construir um sistema de transportes urbanos mais eficiente, seguro e sustentável que satisfaça as diversas necessidades de mobilidade dos seus residentes urbanos e apoie o desenvolvimento urbano sustentável no país.

A implementação de sistemas de transportes públicos, redes rodoviárias e projectos de infra-estruturas é essencial para responder às necessidades de mobilidade urbana no Uganda e criar sistemas de transportes urbanos sustentáveis, eficientes e inclusivos. As melhorias nos transportes públicos, a modernização da rede rodoviária e os projectos de infra-estruturas desempenham um papel fundamental na melhoria da mobilidade, na redução do congestionamento e na promoção do desenvolvimento económico nas cidades. Ao investir em serviços de transportes públicos, melhorar a infraestrutura rodoviária e implementar projectos de infra-estruturas, o Uganda pode criar um sistema de transportes urbanos mais eficiente, seguro e sustentável que satisfaça as diversas necessidades de mobilidade dos residentes urbanos e apoie o crescimento económico, a inclusão social e a gestão ambiental no país. Os esforços de colaboração entre as agências governamentais, as partes interessadas do sector privado, os parceiros de desenvolvimento e as comunidades locais são essenciais para a concretização de um sistema de transportes urbanos moderno, eficiente e inclusivo que melhore a qualidade de vida e promova o desenvolvimento urbano sustentável no Uganda.

Promoção de serviços de transportes urbanos sustentáveis e inclusivos no Uganda

Os serviços de transportes urbanos sustentáveis e inclusivos são essenciais para promover o desenvolvimento económico, a equidade social e a sustentabilidade ambiental nas cidades do Uganda. À medida que o país continua a urbanizar-se e a registar um crescimento populacional, a procura de sistemas de transportes eficientes, seguros e acessíveis torna-se cada vez mais crítica. As iniciativas para promover serviços de transportes urbanos sustentáveis e inclusivos têm como objetivo enfrentar vários desafios, como o congestionamento, a poluição do ar, a segurança rodoviária e a acessibilidade para todos os residentes, incluindo os grupos marginalizados.

Promoção de modos de transporte sustentáveis

A promoção de modos de transporte sustentáveis, como andar a pé, de bicicleta e de transportes públicos, é uma iniciativa fundamental para reduzir a dependência do automóvel, minimizar as emissões de gases com efeito de estufa e melhorar a mobilidade urbana no Uganda. O governo, juntamente com parceiros de desenvolvimento e organizações da sociedade civil, implementou vários programas para incentivar o uso de opções de transporte sustentáveis. Por exemplo, a introdução de pistas designadas para ciclistas, vias para peões e sistemas de trânsito rápido de autocarros visa proporcionar alternativas seguras e eficientes à utilização do automóvel particular, reduzindo o congestionamento do tráfego e promovendo a mobilidade ativa entre os residentes urbanos.

Melhorar os serviços de transportes públicos

Melhorar a qualidade, a cobertura e a acessibilidade económica dos serviços de transportes públicos é crucial para proporcionar opções de transporte acessíveis e inclusivas a todos os residentes no Uganda. Iniciativas como a atualização dos veículos de transporte público, a formalização dos operadores de transportes informais e a implementação de sistemas de integração tarifária foram introduzidas para melhorar a rede de transportes públicos em grandes cidades como Kampala e Entebbe. O investimento em infra-estruturas modernas de transportes públicos, como terminais de autocarros, abrigos e sistemas de informação, pode ajudar a melhorar a experiência geral dos passageiros e promover a utilização dos transportes públicos como um modo sustentável de mobilidade urbana.

Integração do planeamento da utilização dos solos e dos transportes

A integração do planeamento da utilização dos solos e dos transportes é essencial para criar empreendimentos compactos e de utilização mista que reduzam a necessidade de deslocações de automóvel, promovam a mobilidade ativa e melhorem a conetividade nas zonas urbanas. Os regulamentos de zonamento, o desenvolvimento orientado para os transportes e o design amigo dos peões podem ajudar a criar bairros vibrantes e transitáveis que apoiem sistemas de transportes urbanos sustentáveis. Ao coordenar o planeamento da utilização dos solos e dos transportes, o Uganda pode criar ambientes urbanos mais habitáveis, acessíveis e amigos do ambiente que satisfaçam as diversas necessidades de mobilidade dos seus residentes.

Tirar partido da tecnologia e da inovação

O aproveitamento da tecnologia e da inovação nos serviços de transportes urbanos pode ajudar a otimizar o fluxo de tráfego, melhorar a experiência dos passageiros e melhorar a eficiência operacional nas cidades do Uganda. A implementação de sistemas de transporte inteligentes, a monitorização do tráfego em tempo real e as plataformas de mobilidade digital podem fornecer dados valiosos para o planeamento dos transportes, melhorar o serviço ao cliente e promover soluções de transporte sustentáveis. A inovação na cobrança de tarifas, a otimização de rotas e os sistemas de informação aos passageiros podem tornar os transportes urbanos mais eficientes, convenientes e fáceis de utilizar pelos residentes e visitantes.

Promover a inclusão e a acessibilidade

A promoção da inclusão e da acessibilidade nos serviços de transportes urbanos é crucial para garantir que todos os residentes, incluindo as populações vulneráveis, como as pessoas com deficiência, as mulheres, as crianças e os idosos, tenham igual acesso às opções de transporte. Iniciativas como a melhoria das infra-estruturas para pessoas com deficiência, a disponibilização de transportes públicos acessíveis e o reforço das medidas de proteção e segurança nos sistemas de transportes podem ajudar a criar um ambiente de transportes urbanos mais inclusivo. O envolvimento com as comunidades marginalizadas, a procura da sua contribuição nos processos de planeamento dos transportes e a promoção de soluções de transportes sensíveis ao género podem garantir que os serviços de transportes urbanos satisfazem as diversas necessidades de todos os residentes no Uganda.

Desafios e oportunidades

Embora as iniciativas para promover serviços de transportes urbanos sustentáveis e inclusivos no Uganda tenham mostrado resultados positivos, ainda há desafios que precisam de ser resolvidos para criar um sistema de transportes urbanos mais eficiente, equitativo e sustentável. Desafios como financiamento inadequado, limitações de capacidade, complexidades regulamentares e questões de coordenação podem impedir a implementação efectiva de iniciativas de transportes. O reforço da capacidade institucional, o aumento do envolvimento das partes interessadas e a promoção da colaboração entre as agências governamentais, as partes interessadas do sector privado e as organizações da sociedade civil são essenciais para ultrapassar estes desafios.

Por outro lado, existem oportunidades para melhorar os serviços de transportes urbanos no Uganda através da inovação, colaboração e investimento em soluções sustentáveis. O aproveitamento das parcerias público-privadas, a adoção de tecnologias digitais, a promoção do envolvimento das partes interessadas e a promoção de projectos de infra-estruturas ecológicas podem abrir novas oportunidades para modernizar o sistema de transportes urbanos, melhorar a qualidade do serviço e promover o crescimento económico. Ao abraçar estas oportunidades e enfrentar os desafios através de esforços coordenados, o Uganda pode construir um sistema de transportes urbanos mais sustentável, inclusivo e eficiente que satisfaça as diversas necessidades de mobilidade dos seus residentes urbanos e apoie o desenvolvimento urbano sustentável no país.

As iniciativas para promover serviços de transportes urbanos sustentáveis e inclusivos no Uganda são essenciais para melhorar a eficiência, a acessibilidade e a sustentabilidade dos sistemas de transportes urbanos no país. Investindo em modos de transporte sustentáveis, melhorando os serviços de transportes públicos, integrando a utilização do solo e o planeamento dos transportes, tirando partido da tecnologia e da inovação e promovendo a inclusão e a acessibilidade, o Uganda pode criar um sistema de transportes urbanos mais eficiente, equitativo e amigo do ambiente. Os esforços de colaboração entre as agências governamentais, as partes interessadas do sector privado, os parceiros de desenvolvimento e as comunidades locais são cruciais para a realização de um sistema de transportes urbanos moderno, inclusivo e sustentável que beneficie todos os residentes e apoie o desenvolvimento urbano sustentável no Uganda.

CAPÍTULO SETE

Conectividade dos transportes rurais no Uganda

A conetividade dos transportes rurais desempenha um papel crucial na promoção do desenvolvimento económico, da inclusão social e do acesso aos serviços nas zonas rurais do Uganda. Sendo um país predominantemente agrário com uma população rural significativa, a melhoria das infra-estruturas de transportes e da conetividade é essencial para melhorar o acesso ao mercado, reduzir a pobreza e promover o desenvolvimento sustentável nas comunidades rurais.

Desafios da conetividade dos transportes rurais

As zonas rurais do Uganda enfrentam vários desafios em termos de conetividade dos transportes, que impedem o desenvolvimento económico, a coesão social e o acesso a serviços essenciais. Alguns dos principais desafios incluem:

1. Infra-estruturas rodoviárias deficientes: Muitas zonas rurais do Uganda têm infra-estruturas rodoviárias inadequadas, com estradas não pavimentadas, pontes em deterioração e acesso limitado a estradas com todas as condições climatéricas. As más condições das estradas podem impedir a conetividade dos transportes, aumentar os custos de transporte e restringir o acesso das comunidades rurais ao mercado.
2. Opções de transporte limitadas: As zonas rurais carecem frequentemente de serviços formais de transportes públicos, deixando os residentes dependentes de meios de transporte informais, como motociclos, bicicletas e deslocações a pé. As opções de transporte limitadas podem dificultar a mobilidade, afetar o acesso à educação e aos serviços de saúde e restringir as oportunidades económicas nas comunidades rurais.
3. Acessibilidade sazonal: As variações sazonais, como as chuvas fortes e as inundações, podem ter um impacto adicional na conetividade dos transportes rurais, tornando as estradas intransitáveis e perturbando os serviços de transporte. As más condições das estradas durante a estação das chuvas podem isolar as comunidades rurais, limitar o acesso aos mercados e agravar a insegurança alimentar e a pobreza.
4. Investimento inadequado em infra-estruturas: O investimento limitado em infra-estruturas de transportes rurais, manutenção e melhoramentos dificulta os esforços para melhorar a conetividade dos transportes nas zonas rurais. A insuficiência de financiamento, de capacidade técnica e de coordenação entre as agências governamentais e as partes interessadas pode atrasar os projectos de infra-estruturas e limitar o impacto das intervenções.

Iniciativas para melhorar a conetividade dos transportes rurais

Para enfrentar os desafios da conetividade dos transportes rurais no Uganda, foram implementadas várias iniciativas e estratégias para melhorar a mobilidade rural, melhorar o acesso aos mercados e promover o desenvolvimento económico nas zonas rurais. Algumas das principais iniciativas incluem:

1. Desenvolvimento de estradas rurais: O Governo do Uganda, em colaboração com parceiros de desenvolvimento, implementou projectos de desenvolvimento de estradas rurais para melhorar as infra-estruturas rodoviárias nas zonas rurais. Iniciativas como o Projeto de Acessibilidade e Mobilidade Rural (RAMP) centraram-se na melhoria e manutenção das estradas rurais, na construção de pontes e no reforço da segurança rodoviária para melhorar a conetividade dos transportes nas comunidades rurais.
2. Serviços de transporte de base comunitária: Os serviços de transporte de base comunitária, como as cooperativas de transporte comunitárias e as iniciativas de transporte geridas a nível local, foram criados nas zonas rurais para oferecer aos residentes opções de transporte fiáveis e a preços acessíveis. Estas iniciativas ajudam a colmatar a falta de serviços formais de transportes públicos e a melhorar o acesso das comunidades rurais a serviços essenciais.
3. Subsídios e vales de transporte: O governo introduziu subsídios e vales de transporte para as populações vulneráveis das zonas rurais, a fim de melhorar o acesso aos cuidados de saúde, à educação e a outros serviços essenciais. Os serviços de transporte subsidiados ajudam a reduzir os custos de transporte, promovem a inclusão social e melhoram a mobilidade dos grupos marginalizados nas comunidades rurais.
4. Manutenção e reabilitação de estradas: O investimento em programas de manutenção e reabilitação de estradas é essencial para manter a conetividade dos transportes rurais no Uganda. A manutenção regular das estradas rurais, as actualizações periódicas e as medidas preventivas podem prolongar a vida útil das infra-estruturas, aumentar a segurança rodoviária e garantir o acesso contínuo dos residentes rurais aos mercados e aos serviços.

Impactos da melhoria da conetividade dos transportes rurais

A melhoria da conetividade dos transportes rurais no Uganda pode ter impactos positivos significativos no desenvolvimento económico, na inclusão social e na qualidade de vida dos residentes rurais. Alguns dos principais impactos incluem:

1. Melhoria do acesso ao mercado: A melhoria da conetividade dos transportes permite que os agricultores e empresários rurais acedam aos mercados, vendam os seus produtos e se envolvam no comércio. Melhores infra-estruturas rodoviárias e serviços de transporte facilitam a circulação de mercadorias para os centros urbanos e outros mercados, aumentando as oportunidades económicas e os meios de subsistência nas comunidades rurais.
2. Maior acesso a serviços essenciais: A melhoria da conetividade dos transportes rurais permite que os residentes acedam a serviços essenciais, como os cuidados de saúde, a educação e os serviços sociais. A melhoria das infra-estruturas rodoviárias, das opções de transporte e da conetividade reduz os tempos de deslocação, aumenta a acessibilidade e promove a inclusão social das populações rurais.

3. Redução da pobreza: Uma melhor conetividade dos transportes rurais pode ajudar a reduzir a pobreza, aumentando as oportunidades económicas, melhorando o acesso aos mercados e apoiando a produtividade agrícola nas zonas rurais. A melhoria das infra-estruturas de transportes e da conetividade proporciona aos habitantes das zonas rurais os meios para participarem em actividades económicas, gerarem rendimentos e melhorarem o seu nível de vida.
4. Coesão social e desenvolvimento: A melhoria da conetividade dos transportes rurais promove a coesão social, o desenvolvimento comunitário e a resiliência nas zonas rurais. A melhoria do acesso aos serviços, aos mercados e às interações sociais reforça os laços comunitários, promove o desenvolvimento local e capacita os residentes rurais para participarem nos processos de tomada de decisões e nas iniciativas de desenvolvimento.

Oportunidades de desenvolvimento futuro

O futuro desenvolvimento da conetividade dos transportes rurais no Uganda apresenta várias oportunidades para melhorar a mobilidade, promover o crescimento económico e fomentar o desenvolvimento sustentável nas zonas rurais. Algumas das principais oportunidades incluem:

1. Soluções de transporte sustentável: A promoção de modos de transporte sustentáveis, como o ciclismo, a marcha e o transporte não motorizado, pode ajudar a reduzir a dependência dos veículos motorizados, minimizar o impacto ambiental e promover a mobilidade ativa nas zonas rurais. O investimento em soluções de transporte ecológicas e em infra-estruturas com baixo teor de carbono pode contribuir para um sistema de transportes mais sustentável e resiliente.

2. Inovação e tecnologia digital: O recurso à inovação digital e à tecnologia nos serviços de transporte rural, como as aplicações móveis, a localização por GPS e os sistemas de pagamento digital, pode melhorar a eficiência, a segurança e a acessibilidade das opções de transporte para os residentes rurais. As soluções digitais podem melhorar a prestação de serviços, otimizar as rotas de transporte e fornecer informações em tempo real aos utilizadores, melhorando a experiência geral de transporte nas zonas rurais.
3. Parcerias público-privadas: O envolvimento do sector privado no desenvolvimento das infra-estruturas de transportes rurais através de parcerias público-privadas pode trazer conhecimentos especializados, investimento e inovação para melhorar a conetividade dos transportes nas zonas rurais. A colaboração com operadores de transportes, empresas tecnológicas e empresas locais pode ajudar a colmatar as lacunas nas infra-estruturas, melhorar a qualidade do serviço e promover soluções de transporte inclusivas para as comunidades rurais.
4. Capacitação e treinamento: Investir no desenvolvimento do capital humano, nas competências técnicas e no reforço das capacidades dos profissionais dos transportes rurais, dos engenheiros e dos membros da comunidade é essencial para sustentar as iniciativas de ligação dos transportes nas zonas rurais. A oferta de formação sobre manutenção de estradas, gestão de transportes e práticas de segurança pode aumentar a eficácia dos projectos de transportes rurais e promover a apropriação e a sustentabilidade locais.

A conetividade dos transportes rurais no Uganda desempenha um papel vital na promoção do desenvolvimento económico, da inclusão social e do acesso aos serviços nas zonas rurais. Para fazer face aos desafios das deficientes infra-estruturas rodoviárias, das opções de transporte limitadas e da acessibilidade sazonal, é necessária uma abordagem global que integre investimentos em infra-estruturas, iniciativas de base comunitária, subsídios aos transportes e programas de manutenção das estradas. Ao implementar iniciativas para melhorar a conetividade dos transportes rurais, o Uganda pode melhorar o acesso ao mercado, aumentar o acesso a serviços essenciais, reduzir a pobreza e promover a coesão social e o desenvolvimento das comunidades rurais. Os esforços de colaboração entre as agências governamentais, os parceiros de desenvolvimento, as partes interessadas do sector privado e as comunidades locais são essenciais para a realização de um sistema de transportes rurais sustentável, inclusivo e resistente que beneficie os residentes rurais e apoie o desenvolvimento rural sustentável no Uganda.

Avaliação das infra-estruturas e serviços de transportes rurais em zonas remotas do Uganda

As infra-estruturas e serviços de transportes rurais desempenham um papel fundamental na ligação das zonas remotas aos mercados, serviços e oportunidades económicas no Uganda. No entanto, as comunidades rurais em zonas remotas enfrentam frequentemente desafios como infra-estruturas rodoviárias inadequadas, opções de transporte limitadas e fraca conetividade, que dificultam o acesso a serviços essenciais, impedem o desenvolvimento económico e afectam a qualidade de vida dos residentes.

Desafios nas infra-estruturas e serviços de transportes rurais

As zonas remotas do Uganda enfrentam desafios únicos em termos de infra-estruturas e serviços de transportes rurais que têm impacto na mobilidade e nos meios de subsistência económica dos residentes. Alguns dos principais desafios incluem:

1. Infra-estruturas rodoviárias deficientes: Muitas áreas remotas do Uganda têm infra-estruturas rodoviárias inadequadas, com estradas não pavimentadas, pontes em deterioração e acesso limitado a estradas com todas as condições climatéricas. As más condições das estradas dificultam o transporte, aumentam os tempos de deslocação e restringem o acesso das comunidades rurais aos mercados e aos serviços essenciais.
2. Opções de transporte limitadas: As zonas remotas carecem frequentemente de serviços formais de transportes públicos, deixando os residentes dependentes de meios de transporte informais, como motociclos, bicicletas e deslocações a pé. As opções de transporte limitadas podem dificultar a mobilidade, afetar o acesso à educação e aos serviços de saúde e restringir as oportunidades económicas nas comunidades remotas.
3. Acessibilidade sazonal: As variações sazonais, como as chuvas intensas e as inundações, podem afetar ainda mais a conetividade dos transportes rurais nas zonas remotas, tornando as estradas intransitáveis e perturbando os serviços de transporte. As más condições das estradas durante a estação das chuvas isolam as comunidades remotas, limitam o acesso aos mercados e agravam a insegurança alimentar e a pobreza.
4. Acessibilidade aos serviços: A conetividade limitada dos transportes nas zonas remotas afecta o acesso a serviços essenciais, como os cuidados de saúde, a educação e os equipamentos sociais. As comunidades remotas enfrentam frequentemente dificuldades no acesso a hospitais, escolas e outros serviços públicos devido à má infraestrutura rodoviária, às longas distâncias e à falta de opções de transporte fiáveis.

Iniciativas para melhorar as infra-estruturas e os serviços de transporte rural

Para fazer face aos desafios das infra-estruturas e serviços de transportes rurais nas zonas remotas do Uganda, foram implementadas várias iniciativas e estratégias para melhorar a mobilidade rural, melhorar o acesso aos mercados e promover o desenvolvimento económico. Algumas das principais iniciativas incluem:

1. Desenvolvimento de estradas rurais: O governo, em colaboração com parceiros de desenvolvimento, empreendeu projectos de desenvolvimento de estradas rurais para melhorar as infra-estruturas rodoviárias em zonas remotas. Estas iniciativas centram-se na melhoria e manutenção das estradas rurais, na construção de pontes e no reforço da segurança rodoviária, a fim de melhorar a conetividade dos transportes para as comunidades remotas.
2. Serviços de transporte baseados na comunidade: Os serviços de transporte de base comunitária, como as cooperativas de transporte comunitário e as iniciativas de transporte geridas localmente, foram criados em zonas remotas para oferecer opções de transporte acessíveis e fiáveis aos residentes. Estas iniciativas ajudam a colmatar a falta de serviços formais de transportes públicos e a melhorar o acesso das comunidades remotas a serviços essenciais.
3. Melhoria da manutenção das estradas: Investir em programas de manutenção e reabilitação de estradas é essencial para manter a conetividade dos transportes rurais nas zonas remotas do Uganda. A manutenção regular das estradas rurais, as actualizações periódicas e as medidas preventivas podem melhorar as infra-estruturas rodoviárias, aumentar a segurança rodoviária e garantir o acesso contínuo dos residentes remotos aos mercados e aos serviços.

Impactos da melhoria das infra-estruturas e dos serviços de transporte rural

A melhoria das infra-estruturas e dos serviços de transportes rurais nas zonas remotas do Uganda pode ter impactos positivos significativos no desenvolvimento económico, na inclusão social e na qualidade de vida dos residentes. Alguns dos principais impactos incluem:

1. Melhoria do acesso ao mercado: A melhoria da conetividade dos transportes permite que os residentes em áreas remotas acedam aos mercados, vendam os seus produtos e se envolvam no comércio. Melhores infra-estruturas rodoviárias e serviços de transporte facilitam a circulação de mercadorias para os centros urbanos, promovem oportunidades económicas e apoiam a produtividade agrícola em comunidades remotas.

2. Maior acesso a serviços essenciais: A melhoria da conetividade dos transportes rurais permite que os residentes acedam a serviços essenciais como os cuidados de saúde, a educação e os equipamentos sociais. A melhoria das infra-estruturas rodoviárias, das opções de transporte e da conetividade reduz os tempos de deslocação, aumenta a acessibilidade e promove a inclusão social dos residentes em zonas remotas.
3. Redução da pobreza: A melhoria das infra-estruturas e dos serviços de transportes rurais pode ajudar a reduzir a pobreza, aumentando as oportunidades económicas, melhorando o acesso aos mercados e apoiando os meios de subsistência nas comunidades remotas. Uma melhor conetividade dos transportes proporciona aos residentes os meios para participarem em actividades económicas, gerarem rendimentos e melhorarem o seu nível de vida.
4. Desenvolvimento social: A melhoria das infra-estruturas e serviços de transportes rurais promove o desenvolvimento social, a coesão comunitária e a resiliência nas zonas remotas. A melhoria do acesso aos serviços, aos mercados e às interações sociais reforça os laços comunitários, promove o desenvolvimento local e capacita os residentes para participarem em actividades sociais e económicas.

Oportunidades de desenvolvimento futuro

O futuro desenvolvimento das infra-estruturas e serviços de transportes rurais nas zonas remotas do Uganda apresenta várias oportunidades para melhorar a mobilidade, promover o crescimento económico e fomentar o desenvolvimento sustentável. Algumas das principais oportunidades incluem:

1. Soluções de transporte sustentável: A promoção de modos de transporte sustentáveis, como o ciclismo, a marcha e os transportes não motorizados, pode ajudar a reduzir a dependência dos veículos motorizados, minimizar o impacto ambiental e promover a mobilidade ativa em zonas remotas. O investimento em soluções de transporte ecológicas e em infra-estruturas com baixo teor de carbono pode contribuir para um sistema de transportes mais sustentável e resistente.

2. Inovação e tecnologia digital: O aproveitamento da inovação digital e da tecnologia nos serviços de transporte rural, tais como aplicações móveis, localização por GPS e sistemas de pagamento digital, pode melhorar a eficiência, a segurança e a acessibilidade das opções de transporte para os residentes em zonas remotas. As soluções digitais podem melhorar a prestação de serviços, otimizar as rotas de transporte e fornecer informações em tempo real aos utilizadores, melhorando a experiência geral de transporte nas comunidades remotas.

3. Parcerias Público-Privadas: O envolvimento do sector privado no desenvolvimento de infra-estruturas de transportes rurais através de parcerias público-privadas pode trazer experiência, investimento e inovação para melhorar a conetividade dos transportes em áreas remotas. A colaboração com operadores de transportes, empresas de tecnologia e empresas locais pode ajudar a colmatar as lacunas nas infra-estruturas, melhorar a qualidade do serviço e promover soluções de transporte inclusivas para as comunidades remotas.
4. Reforço de capacidades e formação: Investir no reforço das capacidades, nas competências técnicas e na formação dos profissionais dos transportes rurais, dos engenheiros e dos membros da comunidade é essencial para sustentar as iniciativas de ligação dos transportes nas zonas remotas do Uganda. A formação em manutenção de estradas, gestão de transportes e práticas de segurança pode aumentar a eficácia dos projectos de transportes rurais e promover a apropriação e a sustentabilidade locais.

As infra-estruturas e os serviços de transportes rurais nas zonas remotas do Uganda desempenham um papel vital na ligação das comunidades, na promoção do desenvolvimento económico e na melhoria do acesso a serviços essenciais. Para fazer face aos desafios colocados pelas deficientes infra-estruturas rodoviárias, pelas opções de transporte limitadas e pela acessibilidade sazonal, é necessária uma abordagem global que integre investimentos em infra-estruturas, iniciativas de base comunitária, programas de manutenção das estradas e iniciativas destinadas a melhorar o acesso aos serviços. Ao implementar iniciativas para melhorar a conetividade dos transportes rurais, o Uganda pode melhorar o acesso ao mercado, aumentar o acesso a serviços essenciais, reduzir a pobreza e promover o desenvolvimento social em comunidades remotas. Os esforços de colaboração entre as agências governamentais, os parceiros de desenvolvimento, as partes interessadas do sector privado e as comunidades locais são essenciais para a concretização de um sistema de transportes rurais sustentável, inclusivo e resiliente que beneficie os residentes em áreas remotas do Uganda e apoie o desenvolvimento rural sustentável no país.

O papel das estradas secundárias, pontes e centros de transporte na melhoria da conetividade e do acesso a serviços essenciais no Uganda

As estradas secundárias, as pontes e os centros de transporte desempenham um papel crucial no reforço da conetividade, facilitando o acesso a serviços essenciais e promovendo o desenvolvimento económico no Uganda. Sendo um país com uma população rural significativa e paisagens geográficas diversas, a melhoria das infra-estruturas de transportes é essencial para ligar as comunidades, melhorar o acesso aos mercados, aos cuidados de saúde, à educação e a outros serviços essenciais.

Estradas Terciárias

As estradas secundárias são estradas locais que ligam as zonas rurais à rede rodoviária principal, proporcionando acesso a mercados, centros de saúde, escolas e outros serviços essenciais. As estradas secundárias desempenham um papel fundamental na ligação de comunidades remotas, permitindo que os agricultores transportem os seus produtos para os mercados, que as crianças tenham acesso à educação e que os doentes cheguem às instalações de cuidados de saúde. No Uganda, onde muitas zonas rurais não têm acesso a estradas pavimentadas e a serviços de transporte formais, as estradas secundárias são essenciais para promover o desenvolvimento económico, a inclusão social e a melhoria da qualidade de vida dos residentes.

A construção e a manutenção de estradas secundárias ajudam a reduzir os custos de transporte, aumentam o acesso ao mercado e melhoram a conetividade geral nas zonas rurais. Ao fornecer rotas de transporte fiáveis e eficientes, as estradas secundárias permitem que as comunidades acedam a serviços essenciais, participem em actividades económicas e melhorem os seus meios de subsistência. O investimento em estradas secundárias é crucial para promover a produtividade agrícola, reduzir a pobreza e apoiar iniciativas de desenvolvimento local em áreas remotas do Uganda.

Pontes

As pontes são componentes de infra-estruturas vitais que desempenham um papel fundamental na melhoria da conetividade e do acesso a serviços essenciais no Uganda. Num país com diversas massas de água, como rios, ribeiros e zonas húmidas, as pontes são essenciais para ligar as comunidades, garantir um transporte seguro e facilitar o comércio. As pontes ajudam a ultrapassar barreiras naturais, proporcionam uma passagem segura para veículos e peões e melhoram a conetividade entre as zonas rurais e urbanas.

A construção de pontes melhora a eficiência dos transportes, reduz os tempos de deslocação e melhora o acesso a mercados, instalações de cuidados de saúde e instituições de ensino. Ao colmatarem as lacunas entre as massas de água, as pontes permitem que as comunidades acedam a serviços essenciais, se envolvam em actividades económicas e participem em interações sociais. O investimento em infra-estruturas de pontes é fundamental para promover a conetividade contínua dos transportes, apoiar o desenvolvimento rural e fomentar o crescimento económico no Uganda.

Centros de transporte

As plataformas de transporte são locais estratégicos que servem de centros para serviços de transporte multimodal, incluindo estações de autocarros, praças de táxis, terminais de carga e instalações para passageiros. Os centros de transporte desempenham um papel crucial na facilitação da transferência de passageiros e mercadorias entre diferentes modos de transporte, ligando áreas rurais e urbanas e melhorando a eficiência geral dos transportes. No Uganda, os centros de transporte são pontos-chave para aceder a serviços essenciais, ligar comunidades e promover a integração regional.

O desenvolvimento de centros de transporte melhora a conetividade, simplifica as operações de transporte e melhora o acesso a serviços essenciais para os residentes no Uganda. Ao fornecer locais centralizados para serviços de transporte, os centros permitem transferências eficientes entre diferentes modos de transporte, reduzem os tempos de espera e melhoram a experiência geral de transporte para os passageiros. O investimento em plataformas de transporte é essencial para promover a conetividade intermodal, melhorar a logística dos transportes e apoiar as actividades económicas no Uganda.

Impactos da melhoria da conetividade e do acesso aos serviços essenciais

A melhoria da conetividade e do acesso a serviços essenciais através de estradas de ligação, pontes e centros de transporte no Uganda pode ter uma vasta gama de impactos positivos nas comunidades, nos indivíduos e na economia em geral. Alguns dos principais impactos incluem:

1. Aumento das oportunidades económicas: A melhoria da conetividade e do acesso a serviços essenciais promove oportunidades económicas para as comunidades rurais, permitindo que os agricultores acedam aos mercados, que os empresários se envolvam no comércio e que as empresas expandam as suas operações. As estradas de ligação, as pontes e os centros de transporte facilitam a circulação de bens e pessoas, estimulam o crescimento económico e apoiam as empresas locais no Uganda.
2. Melhoria dos resultados em termos de saúde e educação: Um melhor acesso a instalações de cuidados de saúde, escolas e oportunidades educativas através de infra-estruturas de transportes melhoradas melhora os resultados em termos de saúde e educação para os residentes no Uganda. Estradas secundárias, pontes e centros de transporte permitem às comunidades aceder a serviços médicos, escolas e instituições de formação, melhorando o bem-estar geral e o desenvolvimento do capital humano.
3. Inclusão social e desenvolvimento comunitário: A melhoria da conetividade e o acesso a serviços essenciais promovem a inclusão social, o desenvolvimento comunitário e a coesão entre os residentes no Uganda. As estradas de ligação, as pontes e os centros de transporte oferecem oportunidades iguais de acesso aos serviços, de participação

em actividades sociais e de envolvimento em iniciativas comunitárias, promovendo um sentimento de pertença e de unidade entre as comunidades.

4. Sustentabilidade ambiental: A melhoria das infra-estruturas de transportes, tais como estradas de ligação, pontes e centros de transporte, pode contribuir para a sustentabilidade ambiental, promovendo operações de transporte eficientes, reduzindo as emissões de carbono e minimizando o impacto ambiental. O investimento em soluções de transporte sustentáveis e em iniciativas de infra-estruturas ecológicas ajuda a mitigar as alterações climáticas, a proteger os recursos naturais e a promover o desenvolvimento sustentável no Uganda.

Oportunidades de desenvolvimento futuro

O futuro desenvolvimento de estradas secundárias, pontes e centros de transporte no Uganda apresenta várias oportunidades para melhorar a conetividade, promover o crescimento económico e fomentar o desenvolvimento sustentável. Algumas das principais oportunidades incluem:

1. Planeamento integrado dos transportes: A integração de estradas secundárias, pontes e centros de transporte numa estrutura abrangente de planeamento dos transportes pode melhorar a conetividade, racionalizar as operações de transporte e melhorar o acesso a serviços essenciais no Uganda. Os esforços coordenados entre as agências governamentais, as partes interessadas e os parceiros de desenvolvimento são essenciais para conceber e implementar soluções de transporte integradas que respondam às diversas necessidades de mobilidade dos residentes.
2. Tecnologia e inovação: Aproveitar a tecnologia e a inovação nas infra-estruturas de transportes, como o mapeamento digital, a monitorização em tempo real e os sistemas de transportes inteligentes, pode melhorar a eficiência dos transportes, melhorar a experiência do utilizador e otimizar as operações de transportes no Uganda. A adoção de soluções digitais e de abordagens baseadas em dados pode ajudar a modernizar os serviços de transporte, promover práticas de transporte sustentáveis e melhorar a conetividade geral dos transportes no país.
3. Parcerias Público-Privadas: O envolvimento com o sector privado através de parcerias público-privadas no desenvolvimento de estradas de ligação, pontes e centros de transporte pode trazer experiência, investimento e inovação para melhorar a conetividade dos transportes no Uganda. A colaboração com operadores de transportes, empresas de tecnologia e promotores de infra-estruturas pode ajudar a colmatar as lacunas nas infra-estruturas, melhorar a qualidade do serviço e promover soluções de transporte inclusivas para as comunidades.

4. Reforço de capacidades e formação: Investir no reforço de capacidades, nas competências técnicas e na formação de profissionais dos transportes, engenheiros e membros da comunidade é essencial para sustentar os projectos de infra-estruturas de transportes no Uganda. A formação em manutenção de estradas, construção de pontes e gestão de plataformas de transporte pode aumentar a eficácia das iniciativas de transporte e promover a apropriação local, a sustentabilidade e a resiliência no sector dos transportes.

As estradas secundárias, as pontes e os centros de transporte desempenham um papel crucial na melhoria da conetividade e do acesso a serviços essenciais no Uganda. Ao investir em infra-estruturas de transportes, melhorar a conetividade dos transportes e promover soluções de transportes sustentáveis, o Uganda pode fomentar o desenvolvimento económico, a inclusão social e a sustentabilidade ambiental nas zonas rurais e urbanas. As estradas secundárias, as pontes e os centros de transporte são componentes essenciais da rede de transportes, ligando as comunidades, facilitando o comércio e melhorando a eficiência global dos transportes no país. Os esforços de colaboração entre as agências governamentais, os parceiros de desenvolvimento, as partes interessadas do sector privado e as comunidades locais são essenciais para a realização de um sistema de transportes moderno, inclusivo e sustentável que beneficie os residentes no Uganda e apoie o crescimento económico sustentável e o desenvolvimento social no país.

Desafios e oportunidades no reforço da conetividade dos transportes rurais para o desenvolvimento agrícola, social e económico no Uganda

O reforço da conetividade dos transportes rurais é fundamental para promover a produtividade agrícola, a inclusão social e o desenvolvimento económico no Uganda. Sendo um país predominantemente agrário com uma população rural significativa, a melhoria das infra-estruturas de transportes e da conetividade nas zonas rurais é essencial para ligar os agricultores aos mercados, aumentar o acesso a serviços essenciais e promover o desenvolvimento sustentável.

Desafios da conetividade dos transportes rurais

1. Infra-estruturas rodoviárias deficientes: Um dos principais desafios para melhorar a conetividade dos transportes rurais no Uganda é o mau estado das infra-estruturas rodoviárias nas zonas rurais. Muitas estradas rurais não são pavimentadas, são mal conservadas e são susceptíveis a inundações sazonais, o que as torna intransitáveis durante certos períodos do ano. A inadequação das infra-estruturas rodoviárias prejudica a eficiência dos transportes, limita o acesso dos agricultores ao mercado e restringe a circulação de bens e pessoas nas comunidades rurais.

2. Opções de transporte limitadas: As zonas rurais do Uganda carecem frequentemente de serviços formais de transportes públicos, deixando os residentes dependentes de meios de transporte informais, como motociclos, bicicletas e deslocações a pé. As opções de transporte limitadas dificultam a mobilidade, afectam o acesso aos cuidados de saúde e às instalações de ensino e restringem as oportunidades económicas das populações rurais. A melhoria dos serviços de transporte e a promoção de modos de transporte alternativos são essenciais para melhorar a conetividade rural e a inclusão social.
3. Acessibilidade sazonal: As variações sazonais, como as chuvas fortes e as inundações, podem agravar ainda mais os desafios da conetividade dos transportes rurais, tornando as estradas intransitáveis, interrompendo os serviços de transporte e afectando as actividades agrícolas. As más condições das estradas durante a estação das chuvas isolam as comunidades rurais, limitam o acesso aos mercados e impedem o desenvolvimento económico nas zonas agrícolas. O desenvolvimento de infra-estruturas de transporte resistentes que possam suportar os desafios sazonais é crucial para garantir a conetividade durante todo o ano nas zonas rurais.
4. Financiamento e manutenção inadequados: O financiamento limitado das infra-estruturas de transportes, associado a desafios na manutenção e reabilitação das estradas, coloca obstáculos significativos ao reforço da conetividade dos transportes rurais no Uganda. O investimento insuficiente em estradas rurais, pontes e serviços de transporte dificulta os esforços para melhorar o acesso a serviços essenciais, promover a produtividade agrícola e fomentar o desenvolvimento socioeconómico nas comunidades rurais. O reforço dos mecanismos de financiamento, a melhoria das práticas de manutenção e a promoção de soluções de transporte sustentáveis são essenciais para enfrentar este desafio.

Oportunidades para melhorar a conetividade dos transportes rurais

1. Desenvolvimento de estradas rurais: O investimento em projectos de desenvolvimento de estradas rurais é uma oportunidade fundamental para melhorar a conetividade dos transportes rurais no Uganda. A construção e a modernização de estradas secundárias, estradas principais e vias arteriais podem melhorar o acesso ao mercado, facilitar a circulação dos produtos agrícolas e promover o crescimento económico nas zonas rurais. A construção de infra-estruturas rodoviárias robustas que liguem as comunidades rurais aos centros urbanos, aos mercados e aos serviços essenciais é essencial para impulsionar o desenvolvimento agrícola, social e económico.
2. Soluções de transporte multimodal: A introdução de soluções de transporte multimodais, como centros de transporte integrados, serviços de ligação e

cooperativas de transporte, pode melhorar a conetividade rural e o acesso a serviços essenciais. A combinação de diferentes modos de transporte, incluindo o transporte rodoviário, ferroviário e marítimo, pode proporcionar opções de transporte sem descontinuidades aos residentes rurais, melhorar a eficiência dos transportes e promover oportunidades económicas em zonas remotas. A adoção de soluções de transporte multimodais apresenta novas oportunidades para melhorar a conetividade rural e promover práticas de transporte sustentáveis no Uganda.

3. Inovação e tecnologia digital: Aproveitar a inovação digital e a tecnologia nos serviços de transportes rurais, tais como aplicações móveis, sistemas de localização por GPS e plataformas de informação em tempo real, pode melhorar a eficiência dos transportes, melhorar a experiência do utilizador e otimizar as operações de transporte nas zonas rurais. A implementação de ferramentas e soluções digitais pode fornecer dados valiosos, aumentar a transparência e melhorar a prestação de serviços, melhorando, em última análise, a conetividade rural, o acesso aos mercados e o desenvolvimento socioeconómico no Uganda. A adoção de soluções orientadas para a tecnologia representa uma oportunidade para modernizar as infra-estruturas e serviços de transportes rurais no país.

4. Parcerias Público-Privadas: O envolvimento com o sector privado através de parcerias público-privadas no desenvolvimento de infra-estruturas de transportes rurais pode trazer experiência, investimento e inovação para melhorar a conetividade rural no Uganda. A colaboração com operadores de transportes, empresas de tecnologia e promotores de infra-estruturas pode ajudar a colmatar as lacunas nas infra-estruturas, melhorar a qualidade do serviço e promover soluções de transporte inclusivas para as comunidades rurais. O recurso a parcerias público-privadas constitui uma oportunidade para impulsionar iniciativas de transporte sustentáveis, fomentar o crescimento económico e promover o desenvolvimento social nas zonas rurais.

Impactos do reforço da conetividade do transporte rural

A melhoria da conetividade dos transportes rurais no Uganda pode ter vários impactos positivos no desenvolvimento agrícola, social e económico das comunidades rurais. Alguns dos principais impactos incluem:

1. Aumento da produtividade agrícola: A melhoria da conetividade dos transportes rurais permite aos agricultores aceder aos mercados, transportar insumos agrícolas e vender os seus produtos, aumentando assim a produtividade agrícola e a geração de rendimentos nas zonas rurais. A melhoria das infra-estruturas rodoviárias e dos

serviços de transporte facilita a circulação de mercadorias, reduz as perdas pós-colheita e promove o acesso dos agricultores ao mercado, melhorando, em última análise, o desenvolvimento agrícola e a segurança alimentar no Uganda.

2. Inclusão social e acesso aos serviços: A melhoria da conetividade dos transportes rurais promove a inclusão social, proporcionando aos residentes rurais um melhor acesso a instalações de cuidados de saúde, escolas e outros serviços essenciais. A melhoria das infra-estruturas de transporte e da conetividade permite que as comunidades tenham acesso a serviços de saúde, educação e equipamentos sociais, melhorando o bem-estar geral e o desenvolvimento humano nas zonas rurais. A melhoria da conetividade promove a coesão social, o desenvolvimento comunitário e a capacitação das populações rurais.
3. Crescimento económico e oportunidades de subsistência: A melhoria da conetividade dos transportes rurais estimula o crescimento económico, promovendo o comércio, o espírito empresarial e as oportunidades de emprego nas comunidades rurais. A melhoria dos serviços de transporte e do acesso ao mercado permite às empresas expandir as suas operações, criar novas oportunidades de emprego e impulsionar o desenvolvimento económico nas zonas agrícolas. O reforço da conetividade rural promove o desenvolvimento socioeconómico, a redução da pobreza e meios de subsistência sustentáveis para as populações rurais do Uganda.
4. Sustentabilidade ambiental: O investimento em soluções de transporte sustentáveis, tais como infra-estruturas ecológicas, modos de transporte amigos do ambiente e práticas de transporte com baixo teor de carbono, pode contribuir para a sustentabilidade ambiental nas zonas rurais. Melhorar a conetividade dos transportes rurais promove operações de transporte eficientes, reduz as emissões de carbono e minimiza o impacto ambiental, apoiando a conservação ambiental e os objectivos de desenvolvimento sustentável no Uganda.

Melhorar a conetividade dos transportes rurais no Uganda é essencial para promover a produtividade agrícola, a inclusão social e o desenvolvimento económico nas comunidades rurais. Para fazer face aos desafios colocados por infra-estruturas rodoviárias deficientes, opções de transporte limitadas e acessibilidade sazonal, é necessária uma abordagem global que integre investimentos em infra-estruturas, soluções de transporte multimodais, inovação digital e parcerias público-privadas. Ao aproveitar oportunidades como o desenvolvimento de estradas rurais, soluções de transporte multimodal, inovação digital e parcerias público-privadas, o Uganda pode melhorar a conetividade rural, o acesso a serviços essenciais e o desenvolvimento socioeconómico nas zonas rurais. Os esforços de colaboração entre as agências governamentais, os parceiros de desenvolvimento, as partes interessadas do sector privado e as comunidades locais são essenciais para a realização de um sistema de transportes rurais moderno, inclusivo e sustentável que beneficie as populações rurais e apoie o desenvolvimento rural sustentável no país.

CAPÍTULO OITO

Impactos ambientais e sociais do desenvolvimento dos transportes no Uganda

O desenvolvimento dos transportes no Uganda tem desempenhado um papel significativo na promoção do crescimento económico, no reforço da conetividade e na promoção do desenvolvimento social. No entanto, a expansão das infra-estruturas e dos serviços de transportes no país também teve como resultado impactos ambientais e sociais que têm de ser cuidadosamente geridos.

Impactos ambientais

1. Poluição atmosférica: O aumento da utilização de veículos motorizados e a expansão das redes rodoviárias no Uganda conduziram a níveis mais elevados de poluição atmosférica, especialmente nas zonas urbanas. Os veículos emitem poluentes como o monóxido de carbono, as partículas e os óxidos de azoto, que contribuem para a má qualidade do ar, as doenças respiratórias e a degradação ambiental. O combate à poluição atmosférica causada pelos transportes é essencial para salvaguardar a saúde pública e reduzir o impacto ambiental dos transportes no Uganda.
2. Emissões de gases com efeito de estufa: As actividades de transporte, particularmente o transporte rodoviário, são uma fonte significativa de emissões de gases com efeito de estufa no Uganda. As emissões de dióxido de carbono dos veículos contribuem para as alterações climáticas, conduzindo ao aquecimento global, a fenómenos meteorológicos extremos e à degradação ambiental. A implementação de medidas para reduzir as emissões de gases com efeito de estufa provenientes dos transportes, tais como a promoção de veículos eléctricos, a melhoria da eficiência dos combustíveis e o investimento nos transportes públicos, é crucial para mitigar os impactos das alterações climáticas no país.
3. Desflorestação e perda de habitat: A construção de infra-estruturas de transporte, como estradas e pontes, pode levar à desflorestação, à perda de habitat e à degradação dos solos no Uganda. O abate de florestas para a construção de estradas, a extração de materiais para as estradas e a invasão de habitats naturais podem perturbar os ecossistemas, ameaçar a biodiversidade e comprometer a sustentabilidade ambiental. A implementação de um planeamento sustentável do uso da terra, a realização de avaliações de impacto ambiental e a adoção de práticas de infra-estruturas ecológicas podem ajudar a minimizar o impacto ambiental do desenvolvimento dos transportes nas florestas e nos habitats.

4. Poluição da água: As actividades de transporte, como a manutenção dos veículos, os derrames de combustível e o escoamento das estradas, podem contribuir para a poluição da água no Uganda. Os contaminantes das superfícies das estradas, veículos e infra-estruturas podem entrar nas massas de água, afectando a qualidade da água, os ecossistemas aquáticos e a saúde humana. A implementação de medidas de controlo da poluição, a melhoria das práticas de gestão das águas pluviais e a minimização do escoamento das estradas e das instalações de transporte são essenciais para proteger os recursos hídricos e minimizar o impacto dos transportes na qualidade da água no país.

Impactos sociais

1. Segurança rodoviária: A expansão das redes rodoviárias e o aumento do volume de tráfego no Uganda suscitaram preocupações quanto à segurança rodoviária. As infra-estruturas rodoviárias inadequadas, o incumprimento das regras de trânsito e a aplicação deficiente dos regulamentos rodoviários contribuem para os acidentes rodoviários, os ferimentos e as mortes no país. Para reduzir os acidentes rodoviários e melhorar a segurança nas estradas do Uganda, é essencial abordar as questões de segurança rodoviária através de medidas como a beneficiação das estradas, a gestão do tráfego, campanhas de sensibilização do público e a aplicação da lei.
2. Acessibilidade e Inclusão: O desenvolvimento dos transportes influencia o acesso a serviços essenciais, oportunidades económicas e interações sociais para as comunidades no Uganda. Infra-estruturas de transportes inadequadas, serviços de transportes públicos limitados e custos de transporte elevados podem dificultar o acesso aos cuidados de saúde, à educação e ao emprego para as populações rurais e marginalizadas. Melhorar a conetividade dos transportes, promover opções de transporte acessíveis e melhorar a acessibilidade para grupos vulneráveis, como pessoas com deficiência e mulheres, é crucial para promover a inclusão social e o desenvolvimento equitativo no país.
3. Deslocação de terras e reinstalação: A construção de infra-estruturas de transporte, tais como estradas, pontes e centros de transporte, pode levar à deslocação de terras e à reinstalação de comunidades no Uganda. A deslocação devido a projectos de infra-estruturas pode perturbar os meios de subsistência, ameaçar a coesão da comunidade e afetar o bem-estar socioeconómico das populações afectadas. A realização de avaliações de impacto social, o envolvimento com as comunidades locais e o fornecimento de compensação e apoio aos residentes afectados são essenciais para

garantir práticas responsáveis de aquisição de terras e reinstalação em projectos de desenvolvimento de transportes.

4. Impactos nos meios de subsistência: O desenvolvimento dos transportes pode ter impactos positivos e negativos nos meios de subsistência locais no Uganda. A melhoria da conetividade dos transportes pode criar novas oportunidades económicas, estimular o comércio e melhorar o acesso das comunidades rurais ao mercado. No entanto, os projectos de transportes também podem perturbar as actividades tradicionais de subsistência, como a agricultura, a pesca e o pastoreio, levando à perda de rendimentos, à perturbação social e à insegurança dos meios de subsistência das populações afectadas. A implementação de programas de restabelecimento dos meios de subsistência, a oferta de actividades alternativas geradoras de rendimentos e o envolvimento das comunidades locais nos processos de planeamento dos transportes são essenciais para minimizar os impactos negativos sobre os meios de subsistência do desenvolvimento dos transportes no Uganda.

Estratégias de atenuação dos impactos ambientais e sociais

1. Planeamento Sustentável dos Transportes: A integração de princípios de sustentabilidade nos processos de planeamento dos transportes, tais como a promoção de modos de transporte amigos do ambiente, a otimização das rotas de transporte e a minimização do impacto ambiental, é essencial para mitigar os impactos ambientais e sociais do desenvolvimento dos transportes no Uganda. A adoção de práticas de transportes sustentáveis, como a promoção dos transportes públicos, o aumento das opções de transportes não motorizados e a redução das emissões dos veículos, pode ajudar a minimizar a pegada ambiental das actividades de transportes e promover a inclusão social no país.
2. Avaliações de impacto ambiental: A realização de avaliações de impacto ambiental abrangentes para projectos de transportes é crucial para identificar potenciais riscos ambientais, avaliar vulnerabilidades ecológicas e implementar medidas de mitigação para proteger o ambiente. As avaliações de impacto ambiental ajudam a avaliar as consequências ambientais do desenvolvimento dos transportes, abordam os potenciais impactos nos recursos naturais e garantem o cumprimento dos regulamentos e normas ambientais no Uganda.

3. Envolvimento das partes interessadas: O envolvimento das comunidades, das organizações da sociedade civil, das agências governamentais e dos intervenientes do sector privado no planeamento dos transportes e nos processos de tomada de decisões é essencial para promover a inclusão social, abordar as preocupações da comunidade e fomentar a transparência no desenvolvimento dos transportes no Uganda. O envolvimento significativo das partes interessadas ajuda a criar confiança, a aumentar a participação e a melhorar os resultados do projeto, incorporando diversas perspectivas, valores e prioridades no planeamento e implementação dos transportes.
4. Capacitação e formação: Investir no desenvolvimento de capacidades, competências técnicas e formação para profissionais dos transportes, engenheiros e membros da comunidade é vital para melhorar a sustentabilidade ambiental e social nos projectos de desenvolvimento dos transportes no Uganda. Fornecer formação sobre gestão ambiental, avaliação do impacto social e práticas de envolvimento da comunidade pode aumentar a eficácia das iniciativas de transportes, promover a implementação responsável de projectos e apoiar resultados sustentáveis no país.

O desenvolvimento dos transportes no Uganda tem impactos ambientais e sociais positivos e negativos que têm de ser cuidadosamente geridos para promover o desenvolvimento sustentável e o crescimento inclusivo. Para enfrentar os desafios ambientais, como a poluição atmosférica, as emissões de gases com efeito de estufa e a perda de habitat, e mitigar os impactos sociais, como a segurança rodoviária, a acessibilidade e as perturbações dos meios de subsistência, são necessárias estratégias integradas, a colaboração das partes interessadas e práticas de transporte sustentáveis. Ao adotar um planeamento sustentável dos transportes, realizar avaliações do impacto ambiental, envolver as partes interessadas e investir no reforço das capacidades, o Uganda pode melhorar a proteção ambiental, promover a inclusão social e fomentar sistemas de transportes sustentáveis que beneficiem as comunidades, salvaguardem os recursos naturais e apoiem o desenvolvimento económico do país. A gestão eficaz dos impactos ambientais e sociais do desenvolvimento dos transportes é essencial para garantir um sector de transportes sustentável e resistente que contribua para o bem-estar e a prosperidade da sociedade ugandesa.

Análise da degradação ambiental, da poluição e das alterações da utilização dos solos associadas a projectos de infra-estruturas de transportes no Uganda

Os projectos de infra-estruturas de transportes no Uganda têm sido associados à degradação ambiental, à poluição e a alterações na utilização dos solos que têm impacto nos ecossistemas, nos recursos naturais e nas comunidades. Esta análise explora os impactos ambientais dos projectos de infra-estruturas de transportes no Uganda, centrando-se em factores como a desflorestação, a poluição do ar e da água, a destruição de habitats e as alterações nos padrões de utilização dos solos. Compreender estes desafios ambientais é essencial para promover o desenvolvimento sustentável e implementar medidas de mitigação para minimizar os impactos negativos no ambiente.

1. Desflorestação e destruição do habitat: A construção de estradas, pontes e outros projectos de infra-estruturas de transportes no Uganda envolve frequentemente a limpeza de terrenos, incluindo florestas e habitats naturais. A desflorestação e a destruição de habitats podem perturbar os ecossistemas, ameaçar a biodiversidade e levar à perda de habitats de animais selvagens. As árvores são frequentemente cortadas para dar lugar à construção de estradas, o que pode resultar na erosão dos solos, na perda de biodiversidade e na fragmentação dos habitats. A proteção das florestas e dos habitats naturais através de um planeamento sustentável da utilização dos solos, de medidas de conservação e de esforços de reflorestação é essencial para atenuar os impactos da desflorestação associados aos projectos de infra-estruturas de transportes.
2. Poluição atmosférica: Os projectos de infra-estruturas de transportes, especialmente os que envolvem a construção de estradas e as emissões de veículos, podem contribuir para a poluição atmosférica no Uganda. A poeira, as partículas e as emissões dos veículos podem levar a uma má qualidade do ar, problemas respiratórios e riscos para a saúde das comunidades vizinhas. A implementação de medidas para reduzir as emissões dos veículos, promover tecnologias de transporte mais limpas e melhorar a monitorização da qualidade do ar é crucial para minimizar os impactos da poluição do ar associada ao desenvolvimento das infra-estruturas de transportes no país.
3. Poluição da água: Os projectos de infra-estruturas de transportes podem também contribuir para a poluição da água através do escoamento de estradas, pontes e estaleiros de construção. Contaminantes como sedimentos, produtos químicos e detritos podem entrar nas massas de água, afectando a qualidade da água, os ecossistemas aquáticos e as fontes de água potável. A implementação de medidas de controlo da erosão, a melhoria das práticas de gestão das águas pluviais e a realização de uma monitorização da qualidade da água são essenciais para proteger os recursos hídricos e minimizar os impactos da poluição da água causada pelos projectos de infra-estruturas de transportes no Uganda.

4. Alterações na utilização dos solos: Os projectos de infra-estruturas de transportes podem levar a mudanças nos padrões de utilização dos solos, alterando a paisagem e afectando as comunidades e os ecossistemas locais. A limpeza de terrenos para a

construção de estradas, a aquisição de terrenos para instalações de transporte e as alterações nos sistemas de posse de terrenos podem ter impacto nos meios de subsistência, perturbar as utilizações tradicionais dos terrenos e alterar o tecido socioeconómico das comunidades. A integração de um planeamento sustentável do uso da terra, a realização de avaliações do impacto da terra e o envolvimento das partes interessadas locais nas decisões sobre o uso da terra são importantes para gerir as alterações do uso da terra associadas aos projectos de infra-estruturas de transportes no Uganda.

Estratégias de atenuação:

1. Avaliações de impacto ambiental: A realização de avaliações de impacto ambiental abrangentes para projectos de infra-estruturas de transportes é essencial para identificar potenciais riscos ambientais, avaliar vulnerabilidades ecológicas e implementar medidas de mitigação para proteger o ambiente. As avaliações de impacto ambiental ajudam a avaliar as consequências ambientais do desenvolvimento dos transportes, abordam os potenciais impactos nos ecossistemas e recursos naturais e garantem o cumprimento dos regulamentos e normas ambientais no Uganda.
2. Planeamento sustentável da utilização dos solos: A integração de princípios de planeamento sustentável do uso do solo nos projectos de infra-estruturas de transportes pode ajudar a minimizar o impacto ambiental da limpeza de terrenos, da destruição de habitats e das alterações nos padrões de uso do solo. A adoção de práticas de infra-estruturas ecológicas, a preservação de habitats naturais e a promoção da conservação da biodiversidade são estratégias fundamentais para proteger os ecossistemas e minimizar as alterações na utilização dos solos associadas aos projectos de infra-estruturas de transportes.

3. Medidas de controlo da poluição: A implementação de medidas de controlo da poluição para projectos de infra-estruturas de transportes, tais como o controlo da erosão, a gestão de sedimentos e a monitorização da qualidade da água, é essencial para minimizar a poluição e proteger os recursos hídricos no Uganda. A promoção das melhores práticas de gestão das actividades de construção, a redução das emissões dos veículos e a adoção de soluções de transporte sustentáveis podem ajudar a atenuar a poluição do ar e da água associada ao desenvolvimento das infra-estruturas de transportes.
4. Envolvimento das partes interessadas: O envolvimento das comunidades, das organizações da sociedade civil, das agências governamentais e dos intervenientes do

sector privado no planeamento dos transportes e nos processos de tomada de decisões é crucial para promover a sustentabilidade ambiental, abordar as preocupações da comunidade e fomentar a transparência nos projectos de infra-estruturas de transportes no Uganda. O envolvimento significativo das partes interessadas ajuda a criar confiança, a aumentar a participação e a melhorar os resultados do projeto, incorporando diversas perspectivas, valores e prioridades no planeamento e implementação dos transportes.

Os projectos de infra-estruturas de transportes no Uganda têm impactos ambientais significativos, incluindo a desflorestação, a poluição do ar e da água, a destruição de habitats e as alterações na utilização dos solos. A implementação de medidas de mitigação, tais como avaliações de impacto ambiental, planeamento sustentável do uso da terra, medidas de controlo da poluição e envolvimento das partes interessadas, é essencial para minimizar os impactos negativos e promover a sustentabilidade ambiental no desenvolvimento dos transportes. Ao incorporar considerações ambientais no planeamento dos transportes, implementar as melhores práticas para o controlo da poluição e envolver as partes interessadas nos processos de tomada de decisão, o Uganda pode melhorar a proteção ambiental, conservar os recursos naturais e promover projectos de infra-estruturas de transportes sustentáveis que beneficiem as comunidades e os ecossistemas do país. O desenvolvimento sustentável dos transportes é essencial para garantir que os projectos de infra-estruturas de transportes contribuem para o desenvolvimento económico, minimizando a degradação ambiental e promovendo a resiliência ambiental a longo prazo no Uganda.

Análise das questões de equidade social, acessibilidade e inclusão na prestação de serviços de transporte no Uganda

A equidade social, a acessibilidade e a inclusão são aspectos cruciais da prestação de serviços de transportes no Uganda, uma vez que têm impacto no bem-estar, nos meios de subsistência e na qualidade de vida dos indivíduos e das comunidades. A disponibilidade de serviços de transporte inclusivos e acessíveis é essencial para garantir que todos os membros da sociedade, incluindo as populações vulneráveis, tenham a oportunidade de aceder a serviços essenciais, oportunidades de emprego e a serviços sociais.

Equidade social na prestação de serviços de transporte

A equidade social na prestação de serviços de transportes refere-se à distribuição justa e igual dos recursos, serviços e benefícios dos transportes a todos os membros da sociedade, independentemente do seu estatuto socioeconómico, sexo, idade ou capacidades físicas. No Uganda, as questões de equidade social na prestação de serviços de transportes incluem:

1. Barreiras de acessibilidade: Muitas comunidades no Uganda enfrentam desafios no acesso a serviços de transporte acessíveis e fiáveis, particularmente nas zonas rurais e mal servidas. As opções de transporte limitadas, as infra-estruturas rodoviárias deficientes e os elevados custos de transporte podem restringir o acesso a serviços essenciais, oportunidades de educação e emprego para populações marginalizadas, tais como pessoas com deficiência, idosos e agregados familiares com baixos rendimentos.
2. Disparidades de género: As disparidades de género na prestação de serviços de transporte são evidentes no Uganda, com as mulheres a enfrentarem frequentemente obstáculos a opções de transporte seguras e acessíveis. As mulheres podem ter preocupações de segurança, mobilidade limitada e dificuldades de acesso aos transportes públicos, o que pode ter impacto na sua capacidade de se envolver em actividades económicas, aceder a serviços de saúde e participar em interações sociais.
3. Desigualdades socioeconómicas: As desigualdades socioeconómicas na prestação de serviços de transporte contribuem para as disparidades no acesso às opções e infra-estruturas de transporte entre os diferentes grupos de rendimento no Uganda. As comunidades com baixos rendimentos podem não ter acesso a transportes públicos, enfrentar tempos de viagem mais longos para chegar a serviços essenciais e incorrer em custos de transporte elevados em relação aos seus níveis de rendimento, limitando a sua capacidade de participar plenamente em actividades económicas e sociais.

Desafios da acessibilidade e da inclusão

1. Opções de transporte limitadas: Muitas comunidades no Uganda não têm acesso a uma gama diversificada de opções de transporte, particularmente nas zonas rurais e remotas. A dependência de modos de transporte informais e não motorizados, como andar a pé e de bicicleta, pode limitar a mobilidade, aumentar os tempos de deslocação e restringir o acesso a serviços para os residentes que não podem pagar ou aceder a serviços de transporte motorizados.
2. Infra-estruturas inadequadas: Infra-estruturas rodoviárias deficientes, sistemas de transporte público inadequados e caraterísticas de acessibilidade limitadas nas instalações de transporte podem constituir barreiras significativas à inclusão e acessibilidade no Uganda. A falta de veículos acessíveis a cadeiras de rodas, de passadeiras para peões e de centros de transporte com comodidades para pessoas com deficiência pode dificultar a sua capacidade de participar plenamente nos serviços e actividades de transporte.

3. Questões de acessibilidade económica: Os elevados custos de transporte em relação aos níveis de rendimento podem criar desafios de acessibilidade para as populações vulneráveis no acesso aos serviços de transporte no Uganda. Os recursos financeiros limitados podem forçar os indivíduos a renunciar a viagens necessárias, a consultas médicas ou a limitar a sua participação em actividades sociais e económicas, levando à exclusão social e à marginalização económica.

Iniciativas e estratégias para promover a equidade social, a acessibilidade e a inclusão

1. Planeamento integrado dos transportes: A integração de considerações de equidade social nos processos de planeamento dos transportes pode ajudar a garantir que os serviços de transportes são concebidos para satisfazer as diversas necessidades de todos os residentes no Uganda. A adoção de uma abordagem multimodal ao planeamento dos transportes, a promoção de opções de transporte não motorizadas e a incorporação de caraterísticas de acessibilidade nas infra-estruturas de transportes podem melhorar a inclusão e a acessibilidade para todos os utilizadores.
2. Envolvimento das partes interessadas: O envolvimento das comunidades, das organizações da sociedade civil e das populações vulneráveis no planeamento dos transportes e nos processos de tomada de decisões é essencial para promover a equidade social, a inclusão e a acessibilidade na prestação de serviços de transportes no Uganda. O envolvimento significativo das partes interessadas ajuda a identificar as diversas necessidades, preferências e barreiras enfrentadas por diferentes grupos, levando ao desenvolvimento de sistemas de transportes mais inclusivos e equitativos.
3. Capacitação e formação: Investir no desenvolvimento de capacidades, formação e iniciativas de sensibilização para os operadores de transportes, decisores políticos e membros da comunidade sobre questões de equidade social e acessibilidade pode ajudar a melhorar a conceção, implementação e monitorização de serviços de transportes inclusivos no Uganda. Fornecer formação sobre sensibilização para a deficiência, serviço ao cliente e normas de acessibilidade pode melhorar a qualidade e a inclusão dos serviços de transporte para todos os utilizadores.
4. Política e Quadro Regulamentar: O desenvolvimento e a aplicação de políticas e regulamentos que promovam a equidade social, a acessibilidade e a inclusão na prestação de serviços de transportes é essencial para criar um sistema de transportes mais equitativo e inclusivo no Uganda. A implementação de normas de acessibilidade, a definição de diretrizes de acessibilidade económica e o estabelecimento de incentivos para serviços de transporte inclusivos podem ajudar a eliminar as barreiras ao acesso e a promover a equidade social para todos os residentes.

Promover a equidade social, a acessibilidade e a inclusão na prestação de serviços de transportes é essencial para criar um sistema de transportes mais inclusivo, sustentável e equitativo no Uganda. Enfrentar desafios como barreiras de acessibilidade, disparidades de género e desigualdades socioeconómicas requer uma abordagem abrangente que integre considerações de equidade social no planeamento dos transportes, envolvimento das partes interessadas, reforço de capacidades e desenvolvimento de políticas. Ao adotar iniciativas e estratégias que dão prioridade à equidade social, acessibilidade e inclusão na prestação de serviços de transportes, o Uganda pode criar um sistema de transportes mais acessível, inclusivo e equitativo que beneficie todos os residentes e contribua para um desenvolvimento social e económico sustentável no país.

Iniciativas para promover práticas de transporte sustentáveis e atenuar os impactos negativos no ambiente e nas comunidades no Uganda

As práticas de transporte sustentável são essenciais para minimizar a degradação ambiental, reduzir as emissões de carbono e promover a inclusão social no Uganda. A expansão das infra-estruturas e serviços de transportes no país trouxe oportunidades e desafios, incluindo impactos ambientais como a poluição do ar, a destruição de habitats e a contaminação da água, bem como questões sociais como barreiras de acessibilidade e acesso desigual aos serviços de transportes.

Práticas de transporte sustentáveis no Uganda

1. Promover o transporte público: Investir em sistemas de transportes públicos, tais como autocarros, eléctricos e comboios pendulares, pode reduzir a dependência de veículos privados, minimizar o congestionamento do tráfego e diminuir as emissões de carbono nas áreas urbanas do Uganda. A melhoria dos serviços de transportes públicos, a expansão das rotas e a melhoria da acessibilidade económica podem incentivar mais residentes a escolher modos de transporte sustentáveis, reduzindo o impacto ambiental e promovendo a equidade social na prestação de serviços de transportes.
2. Apoiar o transporte não motorizado: Incentivar opções de transporte não motorizado, como andar a pé, de bicicleta e esquemas de partilha de bicicletas, pode contribuir para um ambiente mais limpo, melhor saúde pública e maior acessibilidade para as comunidades no Uganda. O investimento em passadeiras para peões, pistas para ciclistas e programas de partilha de bicicletas pode promover a mobilidade

sustentável, reduzir as emissões de gases com efeito de estufa e melhorar a habitabilidade urbana no país.

3. Introdução de veículos eléctricos: A transição para veículos eléctricos (VEs) pode ajudar a reduzir a poluição atmosférica, diminuir as emissões de carbono e promover a eficiência energética no Uganda. O apoio à adoção de autocarros, táxis e motociclos eléctricos pode contribuir para um ambiente mais limpo, reduzir a dependência dos combustíveis fósseis e aumentar a segurança energética no sector dos transportes. O investimento em infra-estruturas de carregamento de veículos eléctricos e a oferta de incentivos para a aquisição de veículos eléctricos podem acelerar a transição para soluções de transporte sustentáveis no país.
4. Implementação de infra-estruturas verdes: O desenvolvimento de projectos de infra-estruturas verdes, como telhados verdes, valas com vegetação e pavimentos permeáveis, pode ajudar a mitigar o escoamento de águas pluviais, reduzir as ilhas de calor urbanas e melhorar a sustentabilidade ambiental em projectos de infra-estruturas de transportes no Uganda. As práticas de infra-estruturas verdes podem melhorar a qualidade da água, aumentar a biodiversidade e promover a resistência ao clima, contribuindo para o desenvolvimento sustentável e a proteção ambiental nas zonas urbanas e rurais.

Iniciativas para atenuar os impactos negativos no ambiente e nas comunidades

1. Avaliações de Impacto Ambiental: A realização de avaliações de impacto ambiental abrangentes para projectos de infra-estruturas de transportes é essencial para identificar potenciais riscos ambientais, avaliar vulnerabilidades ecológicas e implementar medidas de mitigação para proteger o ambiente no Uganda. As avaliações de impacto ambiental ajudam a avaliar as consequências ambientais do desenvolvimento dos transportes, abordam os potenciais impactos nos ecossistemas e recursos naturais e garantem o cumprimento dos regulamentos e normas ambientais no país.
2. Práticas de aquisição ecológicas: A adoção de práticas de aquisição ecológicas, tais como a aquisição de materiais sustentáveis, a redução de resíduos e a promoção de tecnologias energeticamente eficientes, pode ajudar a minimizar os impactos ambientais negativos e a promover o desenvolvimento sustentável nos projectos de transportes no Uganda. A implementação de políticas de aquisição amigas do ambiente, o envolvimento com fornecedores ecológicos e a adoção de normas de rotulagem ecológica podem melhorar o desempenho ambiental e os resultados de sustentabilidade nos projectos de infra-estruturas de transportes.

3. Envolvimento e consulta da comunidade: O envolvimento das comunidades, das organizações da sociedade civil e das partes interessadas no planeamento dos transportes e nos processos de tomada de decisão é crucial para promover a inclusão social, responder às preocupações da comunidade e fomentar a transparência nos projectos de transportes no Uganda. Um envolvimento significativo da comunidade ajuda a criar confiança, a aumentar a participação e a melhorar os resultados do projeto, incorporando diversas perspectivas, valores e prioridades no planeamento e implementação dos transportes.
4. Capacitação e formação: Investir no desenvolvimento de capacidades, competências técnicas e formação para profissionais dos transportes, engenheiros e membros da comunidade em gestão ambiental, avaliação do impacto social e práticas de transportes sustentáveis é vital para promover a implementação responsável de projectos e a proteção ambiental. Fornecer formação sobre regulamentos ambientais, normas de sustentabilidade e práticas de envolvimento da comunidade pode aumentar a eficácia das iniciativas de transporte e apoiar resultados positivos para o ambiente e as comunidades no Uganda.

A promoção de práticas de transporte sustentáveis e a mitigação dos impactos negativos no ambiente e nas comunidades do Uganda são essenciais para promover a proteção ambiental, a inclusão social e o desenvolvimento económico do país. Ao implementar iniciativas como a promoção dos transportes públicos, o apoio aos transportes não motorizados, a introdução de veículos eléctricos e a implementação de projectos de infra-estruturas ecológicas, o Uganda pode melhorar a sustentabilidade ambiental, reduzir as emissões de carbono e melhorar a acessibilidade e a inclusão na prestação de serviços de transportes. A adoção de iniciativas para mitigar os impactos negativos no ambiente e nas comunidades, tais como a realização de avaliações de impacto ambiental, a adoção de práticas de aquisição ecológicas, o envolvimento com as partes interessadas e a disponibilização de oportunidades de capacitação e formação, podem ajudar a garantir que os projectos de transportes no Uganda são conduzidos de forma responsável, inclusiva e sustentável. As intervenções de transportes sustentáveis desempenham um papel fundamental na promoção da gestão ambiental, da equidade social e da prosperidade económica no Uganda, contribuindo para um sistema de transportes mais sustentável e resiliente que beneficia tanto as gerações presentes como as futuras.

CAPÍTULO NOVE

Tendências e desafios futuros

Previsão das Tendências Futuras no Setor dos Transportes do Uganda: Avanços tecnológicos, urbanização e crescimento populacional

O sector dos transportes no Uganda está a passar por uma rápida transformação impulsionada pelos avanços tecnológicos, tendências de urbanização e crescimento populacional. À medida que o país se esforça por melhorar a conetividade, enfrentar os desafios das infra-estruturas e satisfazer as necessidades de mobilidade de uma população em crescimento, a previsão das tendências futuras no sector dos transportes é essencial para a tomada de decisões informadas, o desenvolvimento de políticas e o planeamento estratégico. Este artigo analisa as tendências previstas no sector dos transportes do Uganda, considerando o impacto dos avanços tecnológicos, a dinâmica da urbanização e o crescimento da população no futuro dos transportes no país.

Avanços tecnológicos nos transportes

1. Veículos eléctricos (VEs): Prevê-se que a adoção de veículos eléctricos aumente no Uganda, impulsionada pelas tendências globais no sentido da mobilidade sustentável e da redução das emissões de carbono. À medida que a infraestrutura para estações de carregamento de VEs se expande e o custo dos veículos eléctricos diminui, é provável que mais residentes e empresas façam a transição para opções de transporte elétrico, levando a um sector de transportes mais ecológico e energeticamente eficiente no país.
2. Sistemas Inteligentes de Transporte (ITS): Prevê-se que a integração de sistemas de transporte inteligentes, como a monitorização do tráfego em tempo real, semáforos inteligentes e plataformas de mobilidade digital, optimize o fluxo de tráfego, aumente a segurança rodoviária e melhore a eficiência geral dos transportes no Uganda. As soluções ITS podem ajudar a mitigar o congestionamento, reduzir os tempos de viagem e fornecer aos viajantes informações em tempo real, transformando a experiência de transporte para os passageiros e facilitando uma gestão mais inteligente dos transportes.
3. Plataformas digitais e serviços de mobilidade: A proliferação de plataformas digitais, aplicações móveis e serviços de mobilidade a pedido deverá revolucionar a forma como as pessoas acedem e utilizam os serviços de transporte no Uganda. É provável que as soluções de partilha de boleias, partilha de bicicletas e micro-mobilidade que tiram partido das tecnologias digitais ganhem popularidade, oferecendo opções de

transporte convenientes e flexíveis que satisfazem diversas necessidades de transporte nas zonas urbanas e rurais do país.

Tendências de urbanização e infra-estruturas de transportes

1. Desenvolvimento Orientado para o Trânsito (TOD): As tendências de urbanização no Uganda estão a impulsionar o desenvolvimento de infra-estruturas orientadas para o trânsito, em que as redes de transportes públicos, os usos mistos do solo e os ambientes amigos dos peões são integrados para promover o crescimento urbano sustentável e reduzir a dependência do automóvel. A adoção de estratégias de desenvolvimento orientadas para o trânsito pode melhorar a acessibilidade, incentivar modos de transporte activos e criar espaços urbanos mais habitáveis e inclusivos que dão prioridade às necessidades dos peões e ciclistas.
2. Expansão dos sistemas de transportes públicos: Com o aumento da urbanização e da densidade populacional nas principais cidades, como Kampala e Entebbe, há uma procura crescente de sistemas de transportes públicos eficientes e fiáveis para enfrentar os desafios da mobilidade e aliviar o congestionamento. Espera-se que os investimentos em infra-estruturas de transportes públicos, tais como sistemas de trânsito rápido de autocarros (BRT), melhores serviços de autocarros e centros de transportes integrados, melhorem a conetividade, reduzam os tempos de viagem e promovam a mobilidade urbana sustentável no Uganda.
3. Infra-estruturas de transportes activos: A promoção de modos de transporte activos, tais como andar a pé e de bicicleta, está a ganhar força nos esforços de planeamento urbano para criar cidades mais saudáveis e sustentáveis no Uganda. O desenvolvimento de ciclovias dedicadas, passagens para peões e espaços verdes pode encorajar modos de transporte activos, promover a atividade física e reduzir a dependência de veículos motorizados, contribuindo para melhorar a qualidade do ar, a saúde pública e a habitabilidade urbana nas áreas urbanas.

Crescimento da população e procura de transportes

1. Aumento das necessidades de mobilidade: À medida que a população do Uganda continua a crescer, espera-se que a procura de serviços de transporte aumente, colocando pressão sobre as infra-estruturas e sistemas de transporte existentes. O crescimento previsto da população exigirá a expansão das redes de transportes, o reforço da conetividade e a melhoria da acessibilidade para satisfazer as necessidades de mobilidade em evolução dos residentes nas zonas rurais e urbanas do país.
2. Iniciativas de conetividade rural: Com uma parte significativa da população a residir em zonas rurais, prevê-se que os esforços para melhorar a conetividade rural através

de melhores infra-estruturas rodoviárias, serviços de transportes públicos e acesso a opções de mobilidade sejam prioritários em resposta às tendências de crescimento da população. O investimento na conetividade dos transportes rurais pode facilitar o desenvolvimento económico, promover a inclusão social e resolver os desafios de mobilidade enfrentados pelas comunidades remotas no Uganda.

3. Soluções de transporte multimodal: Dadas as diversas necessidades de transporte da crescente população do Uganda, a adoção de soluções de transporte multimodais que integrem diferentes modos de transporte, tais como autocarros, motociclos, bicicletas e transporte aquático, deverá ser enfatizada para fornecer aos residentes uma gama de opções de transporte acessíveis e económicas que satisfaçam as diversas necessidades e preferências de viagem.

A previsão das tendências futuras no sector dos transportes do Uganda revela um cenário dinâmico moldado pelos avanços tecnológicos, pela dinâmica da urbanização e pelo crescimento da população. A adoção de práticas de transportes sustentáveis, o aproveitamento de tecnologias inovadoras e a adaptação a padrões de mobilidade em mudança são essenciais para enfrentar os desafios dos transportes, melhorar a acessibilidade e promover sistemas de transportes inclusivos e eficientes no país. Ao antecipar as tendências futuras no sector dos transportes e ao planear proactivamente a evolução das necessidades de transporte da população do Uganda, os decisores políticos, os planeadores urbanos e os intervenientes nos transportes podem abrir caminho a um sistema de transportes resiliente, sustentável e sem descontinuidades que impulsione o crescimento económico, promova a equidade social e melhore a qualidade de vida de todos os residentes no país.

Identificação dos principais desafios e oportunidades para melhorar os serviços de transporte, as infra-estruturas e a governação

Os transportes desempenham um papel fundamental na promoção do crescimento económico, no reforço da conetividade e na melhoria da qualidade de vida dos indivíduos e das comunidades. No Uganda, o sector dos transportes enfrenta uma miríade de desafios, incluindo infra-estruturas inadequadas, acesso limitado a serviços de transporte fiáveis e questões de governação que impedem sistemas de transporte eficientes e sustentáveis. Identificar os principais desafios e oportunidades para melhorar os serviços de transportes, as infra-estruturas e a governação é essencial para resolver as deficiências actuais, impulsionar mudanças positivas e promover um sector de transportes mais inclusivo e eficiente no país.

Principais desafios no sector dos transportes do Uganda

1. Infra-estruturas inadequadas: Um dos principais desafios que o sector dos transportes do Uganda enfrenta é a falta de infra-estruturas suficientes, incluindo estradas, pontes e redes de transportes públicos. Muitas estradas estão em mau estado, especialmente nas zonas rurais, o que limita a acessibilidade, impede o crescimento económico e representa riscos de segurança para os viajantes. As infra-estruturas inadequadas também contribuem para o congestionamento do tráfego e o aumento dos tempos de deslocação, o que tem um impacto negativo na produtividade e na qualidade de vida dos residentes.
2. Acesso limitado a serviços de transporte fiáveis: Uma parte significativa da população do Uganda não tem acesso a serviços de transporte acessíveis, fiáveis e seguros, especialmente nas zonas rurais e nas zonas mal servidas. As opções limitadas de transportes públicos, os custos elevados dos transportes e a conetividade inadequada dos transportes resultam em dificuldades de mobilidade, restringem o acesso a serviços essenciais e impedem o desenvolvimento socioeconómico das populações marginalizadas, incluindo mulheres, crianças e pessoas com deficiência.
3. Questões de governação e regulamentação: A fraca governação, a falta de aplicação da regulamentação dos transportes e a corrupção no sector dos transportes colocam desafios significativos à governação eficaz dos transportes no Uganda. A implementação inconsistente de políticas, os mecanismos inadequados de monitorização e avaliação e as lacunas regulamentares comprometem a segurança rodoviária, a prestação de serviços e a transparência nas operações de transportes, prejudicando a eficiência e a eficácia globais do sistema de transportes.

Principais oportunidades de melhoria no sector dos transportes do Uganda

1. Desenvolvimento e manutenção de infra-estruturas: O investimento na expansão e manutenção das infra-estruturas de transportes, incluindo estradas, pontes e redes de transportes públicos, representa uma oportunidade significativa para melhorar a acessibilidade, aumentar a conetividade e estimular o crescimento económico no Uganda. A prioridade dada aos projectos de desenvolvimento de infra-estruturas, a adoção de práticas de construção sustentáveis e a utilização de mecanismos de financiamento inovadores podem ajudar a colmatar as lacunas nas infra-estruturas, reduzir os estrangulamentos nos transportes e melhorar a eficiência global dos transportes no país.
2. Promoção de práticas de transporte sustentáveis: A adoção de práticas de transporte sustentáveis, como a promoção dos transportes públicos, o apoio a opções de transporte não motorizadas e o investimento em soluções de energia limpa, oferece uma oportunidade para reduzir as emissões de carbono, melhorar a qualidade do ar e

promover sistemas de transporte amigos do ambiente no Uganda. O incentivo à adoção de veículos eléctricos, o desenvolvimento de infra-estruturas para ciclistas e peões e a integração de soluções de transporte inteligentes podem melhorar a sustentabilidade, reduzir a dependência de combustíveis fósseis e promover opções de transporte com baixo teor de carbono.

3. Reforço da governação e dos quadros regulamentares: O reforço da governação e dos quadros regulamentares no sector dos transportes é fundamental para melhorar a responsabilidade, a transparência e a eficiência da governação dos transportes no Uganda. O reforço da capacidade institucional, a melhoria da coerência das políticas e a aplicação da regulamentação dos transportes podem ajudar a enfrentar os desafios da governação, promover boas práticas de governação e garantir uma gestão e supervisão eficazes dos serviços, infra-estruturas e operações de transportes no país.

Estratégias para enfrentar os desafios e aproveitar as oportunidades

1. Reforçar as parcerias público-privadas: A colaboração com o sector privado para mobilizar recursos, alavancar conhecimentos técnicos e melhorar a prestação de serviços no sector dos transportes pode ajudar a enfrentar os desafios das infra-estruturas, melhorar a qualidade dos serviços e promover a inovação nas operações de transportes no Uganda. O envolvimento com as partes interessadas privadas, a promoção de parcerias público-privadas e o incentivo ao investimento do sector privado podem impulsionar o desenvolvimento sustentável dos transportes e criar novas oportunidades para melhorar os serviços de transportes e a governação no país.
2. Implementação do Planeamento Integrado dos Transportes: A adoção de abordagens de planeamento integrado dos transportes que dêem prioridade a soluções de transportes multimodais, promovam a coordenação entre diferentes modos de transporte e considerem a utilização do solo, o desenvolvimento urbano e a sustentabilidade ambiental pode otimizar os sistemas de transportes, reduzir o congestionamento e melhorar a acessibilidade no Uganda. A integração do planeamento dos transportes com o planeamento urbano, o desenvolvimento espacial e a gestão ambiental pode levar a soluções de transportes mais eficientes, inclusivas e sustentáveis que beneficiem as comunidades e apoiem o desenvolvimento económico.
3. Criação de capacidade institucional: O reforço da capacidade institucional nas agências de transportes, organismos reguladores e instituições governamentais é essencial para melhorar a governação, melhorar a prestação de serviços e garantir uma supervisão eficaz das operações de transportes no Uganda. O investimento no desenvolvimento de recursos humanos, o reforço das competências técnicas e a promoção de boas práticas de governação podem reforçar a capacidade dos

intervenientes nos transportes, melhorar a conformidade regulamentar e promover a transparência e a responsabilidade no sector dos transportes.

Identificar os principais desafios e oportunidades para melhorar os serviços de transportes, as infra-estruturas e a governação no Uganda é essencial para aumentar a eficácia, a sustentabilidade e a inclusão do sector dos transportes do país. Ao resolver as deficiências das infra-estruturas, expandir o acesso a serviços de transporte fiáveis e reforçar os quadros de governação, o Uganda pode criar um sistema de transportes mais eficiente, equitativo e resiliente que satisfaça as diversas necessidades de mobilidade da sua população e impulsione o desenvolvimento económico e social. A adoção de intervenções estratégicas, a promoção de práticas de transporte sustentáveis e o fomento da colaboração entre as partes interessadas podem abrir caminho a uma transformação positiva no sector dos transportes do Uganda, abrindo novas oportunidades de crescimento, prosperidade e melhoria da qualidade de vida para todos os residentes no país.

Recomendações para o planeamento e desenvolvimento de transportes sustentáveis e resilientes no Uganda

O planeamento e desenvolvimento de transportes sustentáveis e resilientes são essenciais para fomentar o crescimento económico, melhorar a conetividade e promover a sustentabilidade ambiental no Uganda. Como o país enfrenta desafios relacionados com infra-estruturas inadequadas, acesso limitado a serviços de transporte fiáveis e questões de governação no sector dos transportes, é crucial dar prioridade a abordagens sustentáveis e resilientes que resolvam as deficiências actuais e construam um sistema de transportes mais inclusivo, eficiente e amigo do ambiente.

1. Melhorar o desenvolvimento das infra-estruturas

O investimento no desenvolvimento de infra-estruturas é crucial para melhorar a acessibilidade, a conetividade e a eficiência do sector dos transportes do Uganda. As principais recomendações incluem:

- Dar prioridade aos investimentos em infra-estruturas rodoviárias, pontes e redes de transportes públicos para resolver as deficiências das infra-estruturas e reduzir os estrangulamentos nos transportes.

- Adotar práticas de construção sustentáveis, incorporar concepções resistentes ao clima e assegurar a manutenção das infra-estruturas para aumentar a sua durabilidade e sustentabilidade.

- Promover a integração das infra-estruturas de transportes nos planos de desenvolvimento urbano, nas políticas de utilização dos solos e nas estratégias de gestão ambiental, a fim de otimizar os investimentos em infra-estruturas e apoiar o crescimento urbano sustentável.

2. Promover soluções de transporte sustentáveis

A promoção de soluções de transporte sustentáveis pode ajudar a reduzir as emissões de carbono, melhorar a qualidade do ar e reforçar a sustentabilidade ambiental no Uganda. As recomendações incluem:

- Incentivar a adoção de veículos eléctricos, promover opções de transporte não motorizadas e investir em soluções de energia limpa para reduzir a dependência dos combustíveis fósseis e promover alternativas de transporte com baixo teor de carbono.

- Desenvolver infra-estruturas para ciclistas e peões, implementar sistemas de partilha de bicicletas e melhorar os sistemas de transportes públicos para oferecer aos residentes opções de transporte diversificadas, acessíveis e respeitadoras do ambiente.

- Tirar partido da tomada de decisões baseada em dados, das tecnologias de transporte inteligentes e das soluções de mobilidade digital para otimizar as operações de transporte, melhorar a gestão do tráfego e aumentar a eficiência global dos transportes no Uganda.

3. Reforçar a governação e os quadros regulamentares

A garantia de uma governação eficaz e de quadros regulamentares no sector dos transportes é fundamental para promover a transparência, a responsabilidade e a eficiência no planeamento e nas operações dos transportes. As recomendações incluem:

- Reforçar a capacidade institucional das agências de transportes, dos organismos reguladores e das instituições governamentais, a fim de melhorar as práticas de governação, reforçar a coerência das políticas e assegurar uma supervisão eficaz das operações de transporte.

- Reforçar a aplicação da regulamentação em matéria de transportes, controlar o cumprimento das normas de segurança e promover a transparência regulamentar para fomentar uma cultura de responsabilidade e integridade no sector dos transportes.

- Facilitar o envolvimento das partes interessadas, promover a participação do público e criar parcerias com os intervenientes do sector privado para melhorar os mecanismos de governação, facilitar a colaboração e impulsionar o planeamento e o desenvolvimento de transportes sustentáveis no Uganda.

4. Dar prioridade a um planeamento dos transportes inclusivo e equitativo

A promoção de um planeamento de transportes inclusivo e equitativo é essencial para responder às diversas necessidades de mobilidade de todos os residentes no Uganda. As principais recomendações incluem:

- Garantir a acessibilidade das populações marginalizadas, incluindo mulheres, crianças, pessoas com deficiência e comunidades com baixos rendimentos, fornecendo serviços de transporte acessíveis, seguros e fiáveis que respondam às suas necessidades específicas.

- Dar prioridade às iniciativas de conetividade rural, melhorar o acesso às zonas rurais e reforçar as opções de transporte para as comunidades remotas, a fim de promover a inclusão social, o desenvolvimento económico e o acesso a serviços essenciais.

- Incorporar considerações de equidade nos processos de planeamento dos transportes, realizar avaliações de impacto para avaliar as implicações sociais dos projectos de transportes e garantir que os serviços de transportes, as infra-estruturas e os mecanismos de governação são concebidos para beneficiar todos os segmentos da população.

A implementação de recomendações para o planeamento e desenvolvimento de transportes sustentáveis e resilientes no Uganda é essencial para criar um sector de transportes mais eficiente, inclusivo e amigo do ambiente que apoie o crescimento económico, melhore a conetividade e promova a sustentabilidade social e ambiental. Ao melhorar o desenvolvimento de infra-estruturas, promover soluções de transporte sustentáveis, reforçar os mecanismos de governação e dar prioridade a um planeamento de transportes inclusivo e equitativo, o Uganda pode construir um sistema de transportes que satisfaça as diversas necessidades de mobilidade da sua população, promova a resistência aos desafios externos e impulsione o desenvolvimento sustentável do país. A adoção destas recomendações e a prossecução de uma abordagem holística ao planeamento e desenvolvimento dos transportes pode ajudar o Uganda a construir um sector de transportes mais sustentável e resiliente que contribua para o bem-estar e prosperidade dos seus cidadãos, preservando simultaneamente o ambiente natural para as gerações futuras.

Reflexões sobre a evolução do sector dos transportes do Uganda, realizações e lições aprendidas

O sector dos transportes no Uganda tem sofrido transformações significativas ao longo dos anos, impulsionado por factores socioeconómicos em mudança, avanços tecnológicos e reformas políticas destinadas a aumentar a conetividade, melhorar a acessibilidade e promover a mobilidade sustentável. À medida que o Uganda reflecte sobre a evolução do seu sector de transportes, é essencial reconhecer as realizações, os desafios enfrentados e as lições aprendidas ao longo desta jornada para informar futuras tomadas de decisão, planeamento estratégico e esforços de colaboração entre as partes interessadas.

Evolução do sector dos transportes do Uganda

A evolução do sector dos transportes do Uganda remonta à era pós-independência, quando foram feitos esforços para desenvolver e modernizar as infra-estruturas de transportes para apoiar o crescimento económico e a integração regional. Ao longo dos anos, foram feitos progressos significativos na expansão das redes rodoviárias, na melhoria do acesso aos transportes públicos e na integração de soluções de transportes sustentáveis para responder às diversas necessidades de mobilidade da população do Uganda. As intervenções governamentais, o investimento em projectos de infra-estruturas de transportes e a colaboração com os parceiros de desenvolvimento contribuíram para o crescimento e a transformação do sector dos transportes, moldando a forma como as pessoas e as mercadorias se deslocam no país e para além das suas fronteiras.

Realizações no sector dos transportes do Uganda

A evolução do sector dos transportes do Uganda caracteriza-se por várias realizações importantes, nomeadamente

1. Expansão das redes rodoviárias: O Uganda efectuou investimentos substanciais no desenvolvimento de infra-estruturas rodoviárias, o que levou à expansão e melhoria das redes rodoviárias em todo o país. Os principais projectos rodoviários, como o Corredor do Norte, a via rápida de Entebbe e a via rápida de Kampala-Jinja, melhoraram a conetividade, reduziram os tempos de viagem e melhoraram a eficiência dos transportes para os passageiros e as empresas.
2. Melhoria dos transportes públicos: Os esforços para melhorar os serviços de transportes públicos, incluindo a introdução de sistemas de trânsito rápido de autocarros, a modernização de parques de táxis e a promoção de opções de transporte não motorizado, aumentaram o acesso a serviços de transporte acessíveis e fiáveis para os residentes urbanos e rurais do Uganda.
3. Adoção de soluções de transporte sustentáveis: O Uganda adoptou soluções de transporte sustentáveis, tais como infra-estruturas para ciclistas, passadeiras para peões e iniciativas para promover veículos eléctricos, para reduzir as emissões de carbono, melhorar a qualidade do ar e apoiar práticas de transporte amigas do ambiente, em conformidade com os objectivos globais de sustentabilidade.

Lições aprendidas com a evolução do sector dos transportes do Uganda

A evolução do sector dos transportes do Uganda revelou lições valiosas que podem servir de base a futuras estratégias e iniciativas para melhorar as infra-estruturas e os serviços de transportes. Algumas das principais lições aprendidas incluem:

1. Importância do planeamento estratégico: O planeamento eficaz dos transportes é fundamental para alinhar os investimentos em infra-estruturas com as prioridades de desenvolvimento, enfrentar os desafios da mobilidade e promover soluções de transporte sustentáveis que beneficiem todos os segmentos da sociedade.
2. Necessidade de envolvimento das partes interessadas: O envolvimento de diversas partes interessadas, incluindo agências governamentais, parceiros do sector privado, organizações da sociedade civil e comunidades locais, é essencial para fomentar a colaboração, promover a transparência e garantir que os projectos de transportes satisfazem as necessidades e preferências de todas as partes interessadas.
3. Ênfase na sustentabilidade e resiliência: É necessário dar prioridade à sustentabilidade, à resiliência e à gestão ambiental no planeamento e desenvolvimento dos transportes para atenuar os impactos das alterações climáticas, reduzir as emissões de carbono e construir um sistema de transportes adaptável aos desafios e choques futuros.

Apelo à ação para as partes interessadas no sector dos transportes do Uganda

À medida que o Uganda olha para o futuro do seu sector dos transportes, há um claro apelo à ação para que as partes interessadas aproveitem as experiências passadas e continuem a melhorar as infra-estruturas e serviços de transportes para benefício de todos os residentes. Este apelo à ação inclui:

1. Continuação do investimento em infra-estruturas: As partes interessadas, incluindo as autoridades governamentais, os parceiros de desenvolvimento e os investidores do sector privado, devem continuar a investir em projectos de infra-estruturas de transportes que melhorem a conetividade, aumentem a acessibilidade e apoiem o desenvolvimento económico nas zonas urbanas e rurais do Uganda.
2. Promoção de soluções de transporte sustentáveis: É necessário dar prioridade a soluções de transporte sustentáveis, como as tecnologias de energias renováveis, o desenvolvimento de infra-estruturas ecológicas e a promoção dos transportes públicos, para construir um sistema de transportes respeitador do ambiente, eficiente do ponto de vista energético e acessível a todos os utilizadores.
3. Reforço da governação e da responsabilidade: A melhoria dos mecanismos de governação, a promoção da transparência e o reforço dos quadros regulamentares no

sector dos transportes são essenciais para garantir uma supervisão eficaz, melhorar a prestação de serviços e promover uma cultura de responsabilidade e integridade entre os intervenientes no sector dos transportes no Uganda.

As reflexões sobre a evolução do sector dos transportes do Uganda revelam um percurso marcado por realizações, desafios e lições aprendidas que podem orientar futuras acções e tomadas de decisão no sector dos transportes. Aproveitando as experiências passadas, adoptando práticas de transporte sustentáveis e promovendo a colaboração entre as partes interessadas, o Uganda pode continuar a melhorar as suas infra-estruturas e serviços de transportes, promover a mobilidade inclusiva e equitativa e contribuir para o desenvolvimento sustentável e a prosperidade económica de todos os residentes. O apelo à ação para que as partes interessadas dêem prioridade à sustentabilidade, resiliência e governação no planeamento e desenvolvimento dos transportes é essencial para criar um sector de transportes que satisfaça as necessidades em evolução da sociedade, apoie os objectivos ambientais e construa um futuro mais ligado e acessível para o Uganda. Trabalhando em conjunto e aproveitando as experiências passadas, o Uganda pode abrir caminho para um sector de transportes mais sustentável e resiliente que beneficie as gerações presentes e futuras.

Referências

Ajayi, J. F. (1985). *Historical Atlas of Africa. Longman.*

Apter, D. E. (1961). *O Reino Político no Uganda: A Study in Bureaucratic Nationalism.*. Princeton University Press.

Burke, A. (2009). *Estradas e Revolução: A Century of the South African Road Network.*. University of Cape Town Press.

Dijkstra, T. (2001). *Export Diversification in Uganda: Developments in Non-Traditional Agricultural Exports.*. Centro de Estudos Africanos.

Goodfellow, T. (2012). A eficácia do Estado e a política de desenvolvimento urbano na África Oriental: A puzzle of two citie. *Development Policy Review*, 30(4), 397-425.

Gould, W. T. (1989). Transport and Economic Development: An East African Case Study.. *The Geographical Journal,* , 155(1), 59-67.

Kasozi, A. B. (1994). *The Social Origins of Violence in Uganda (As Origens Sociais da Violência no Uganda).* McGill-Queen's University Press.

Lwasa, S. &.-N. (2012). Planeamento para a sustentabilidade em ambientes urbanizados: Insights from East Africa. Regional Development Dialogue, . 33(1), 103-119.

Mugisha, E. (2015). *Impacto das infra-estruturas rodoviárias na produtividade agrícola no Uganda.* Universidade de Makerere.

Mutibwa, P. (1992). *Uganda Since Independence: A Story of Unfulfilled Hopes.* C. Hurst & Co. Publishers.

Nyombi, H. K. (2003). *A Evolução do Setor dos Transportes no Uganda: Uma Perspetiva Histórica.*

Barungi, B., & Odhiambo, N. M. (2016). Desenvolvimento de infra-estruturas e crescimento económico no Uganda. Lambert Academic Publishing.

Mutibwa, P. (2016). Uganda Since Independence: A Story of Unfulfilled Hopes (Edição Revisada). Fountain Publishers.

Nuwagaba, A. (2018). Parcerias Público-Privadas no Uganda: An Analytical Approach. Routledge.

Abebe, G., & Schaefer, F. (2017). Infraestrutura de transporte e desempenho da empresa em Uganda. The World Economy, 40(10), 2155-2175.

Mwesigye, F., & Matsumoto, T. (2016). O impacto da pressão populacional e da migração interna nos conflitos de terras: Implications for Agricultural Productivity in Uganda (Implicações para a produtividade agrícola no Uganda). World Development, 79, 25-39.

Nsereko, R. A. (2020). Avaliando o papel da infraestrutura de transporte no crescimento econômico: The Case of Uganda. Jornal do Desenvolvimento Africano, 22(1), 67-85.

Tsimpo, C., & Wodon, Q. (2019). Melhoria da segurança rodoviária no Uganda: Trends, Costs, and Policy Implications (Tendências, Custos e Implicações Políticas). Transport Policy, 73, 206-213.

Printed by Books on Demand GmbH, Norderstedt / Germany